彩图 1 琥珀山庄远景（实例 1）

彩图 2 琥珀山庄近景（实例 1）

彩图 3 长岛住宅南向外景（实例 2）　　　　**彩图 4** 长岛住宅入口（实例 2）

彩图5 集合住宅远景
（实例4）

彩图6 集合住宅近景（实例4）

彩图7 文岳里父母住宅外景（实例5）

彩图8 文岳里父母住宅正立面（实例5）

彩图 9 纽卡斯尔郡住宅外景（实例 6）

彩图 10 纽卡斯尔郡住宅室内（实例 6）

彩图 11 康阔多住宅外景（实例 7）

彩图 12 康阔多住宅内院
（实例 7）

彩图 13 欧森住宅室外楼梯 (实例 8)

彩图 14 欧森住宅塔楼 (实例 8)

彩图 15 欧森住宅起居室内景 (实例 8)

彩图 16 安德森
住宅近景(实例9)

彩图 17 安德森住宅远景 (实例 9)

彩图 18 阿姆斯特丹住宅夜景（实例 10）

彩图 19 汉森住宅外景（实例 11）

彩图 20 汉森住宅夜景（实例 11）

彩图 21 周末别墅 I 外景（实例 12）

彩图 22　周末别墅Ⅱ外景（实例 13）

彩图 23　黑木之家庭院（实例 14）

彩图 24　黑木之家和室（实例 14）

彩图 26　c 住宅外景（实例 15）

彩图 25　c 住宅平台外景（实例 15）

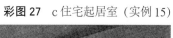

彩图 27　c 住宅起居室（实例 15）

彩图 28 库伯住宅外景（实例 17）

彩图 29 祖米肯住宅外景（实例 19）

彩图 30 祖米肯住宅夜景（实例 19）　　　　　**彩图 31** 祖米肯住宅室内（实例 19）

彩图 32 捷门内斯住宅外景（实例 20）

彩图 33 捷门内斯住宅室内（实例 20）

彩图 34 纽豪斯住宅外景（实例 21）

彩图 35 纽豪斯住宅室内（实例 21）

彩图 36 葛罗塔住宅外景（实例 22）

彩图 37 葛罗塔住宅室内（实例 22）

彩图 38 韦斯特切斯特
住宅内景（实例 23）

彩图 39 韦斯特切斯特住宅外景（实例 23）

彩图 40　道格拉斯住宅外景（实例 24）

彩图 41　道格拉斯住宅起居室（实例 24）

彩图 42　住宅 II 号南侧外景
（实例 26）

彩图 43　住宅 II 号东侧外景
（实例 26）

彩图 44 住宅Ⅲ号外景（实例 27）

彩图 45 住宅Ⅲ号室内（实例 27）

彩图 46 假日别墅外景（实例 28）

彩图 47 假日别墅侧面
（实例 28）

彩图 48 假日别墅餐厅（实例 28）

彩图 49 罗伯森住宅外景（实例 29）

彩图 50 罗伯森住宅室内（实例 29）

彩图 51 卡韦尔住宅外景 1（实例 30）

彩图 53 洛杉矶住宅外景（实例 31）

彩图 52 卡韦尔住宅外景 2（实例 30）

彩图 54 洛杉矶住宅起居室（实例 31）

彩图 55　砖与玻璃住宅起居室（实例 32）

彩图 56　砖与玻璃住宅外景（实例 32）

彩图 57　马什住宅外景（实例 33）

彩图 58　马什住宅室内（实例 33）

彩图 59 纽曼住宅近景（实例 34）

彩图 60 纽曼住宅室内（实例 34）

彩图 61 纽曼住宅远景（实例 34）

彩图 62 斯垂耶住宅外景（实例 36）

彩图 63 运宅模型 1（实例 37）

彩图 64 运宅模型 2（实例 37）

彩图 65 瑞文住宅外景（实例 38）

彩图 66　胡弗别墅远景（实例 39）

彩图 67　胡弗别墅入口（实例 39）

彩图 68　胡弗别墅室内（实例 39）

彩图 69　范·贝尔特住宅（实例 40）

彩图 70　汉特近郊住宅远景（实例 41）

彩图 73　赞德住宅外景（实例 43）

彩图 71　汉特近郊住宅夜景（实例 41）

彩图 74　赞德住宅室内（实例 43）

彩图 72　瓦维垂拉独户
住宅外景（实例 42）

彩图 75　美蒂奇住宅外景（实例 44）

彩图 76　美蒂奇住宅楼梯间（实例 44）

彩图 77　美蒂奇住宅远景（实例 44）

彩图 78　美蒂奇住宅中庭（实例 44）

彩图 79 独户住宅 I 外景（实例 45）

彩图 80 独户住宅 I 室内（实例 45）

彩图 81 独户住宅 II 外景（实例 46）

彩图 82 独户住宅 II 室内（实例 46）

彩图 83 独户住宅Ⅲ外景（实例 47）

彩图 84 独户住宅Ⅲ室内（实例 47）

彩图 85 博尼蒂住宅近景（实例 48）

彩图 86 博尼蒂住宅庭院（实例 48）

彩图 87 博尼蒂住宅夜景（实例 48）

彩图 88 博尼蒂住宅室内（实例 48）

彩图 89　汉斯别墅外景（实例 49）

彩图 90　汉斯别墅庭院（实例 49）

彩图 91　科隆建筑师之家室内（实例 50）

彩图 92　科隆建筑师之家夜景（实例 50）

彩图 93　科隆建筑师之家平台（实例 50）

彩图 94　布拉迪斯拉发别墅外景（实例 51）

彩图 95　布拉迪斯拉发别墅夜景（实例 51）

彩图 96　考夫曼住宅外景（实例 52）

彩图 97　考夫曼住宅室内（实例 52）

彩图 98 哈那斯住宅外景（实例 53）

彩图 99 哈那斯住宅夜景（实例 53）

彩图 100 哈那斯住宅室内（实例 53）

彩图 101 李住宅外景（实例 54）

彩图 102 古濑邸外景（实例 55）

彩图 103 古濑邸夜景（实例 55）

彩图 104 东京私人住宅夜景（实例 56）

彩图 105 东京私人住宅室内（实例 56）

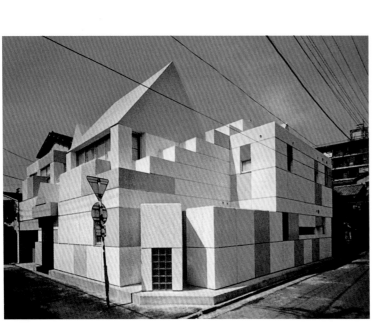

彩图 106 积木之家外景（实例 57）

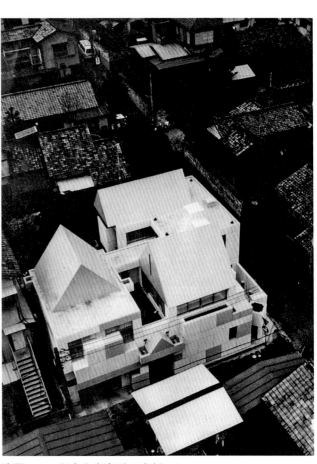

彩图 107 积木之家鸟瞰（实例 57）

彩图 108 Iwasa 住宅外景（实例 58）

彩图 109 Iwasa 住宅起居室（实例 58）

彩图 110 Kidosaki 住宅起居室（实例 59）

彩图 111 Kidosaki 住宅鸟瞰（实例 59）

彩图 112 I 住宅外景（实例 60）

彩图 113 I 住宅室内（实例 60）

彩图 114　住吉的长屋中庭（实例 61）

彩图 115　住吉的长屋天桥（实例 61）

彩图 116　Atelier 住宅外景（实例 62）

彩图 117　Atelier 住宅室内（实例 62）

彩图 118 光中的六柱体模型（实例 63）

彩图 120 光中的六柱体夜景（实例 63）

彩图 119 光中的六柱体室内（实例 63）

彩图 121 w 住宅室内（实例 64）

彩图 122 w 住宅外景（实例 64）

彩图 123 Y 住宅外景（实例 65）

彩图 124 Y 住宅室内（实例 65）

彩图 125 Y 住宅沿街立面（实例 65）

彩图 126 Y 住宅夜景（实例 65）

彩图 127　纸板住宅
外景（实例 66）

彩图 128　纸板住宅室内（实例 66）

彩图 129　家具住宅家具隔墙（实例 67）

彩图 130　家具住宅室内
（实例 67）

彩图 133 宝冢住宅近景（实例 69）

彩图 131 太宰府住宅外景（实例 68）

彩图 134 宝冢住宅室内（实例 69）

彩图 132 太宰府住宅室内（实例 68）

彩图 135 宝冢住宅外景（实例 69）

彩图 136 库拉依安特住宅外景（实例 70）

彩图 137 埃略特住宅外景（实例 71）

彩图 138 埃略特住宅室内（实例 71）

彩图 139　布里奇住宅增建
外景 1（实例 72）

彩图 140　布里奇住宅增建外景 2（实例 72）

彩图 141　布里奇住宅增建室内（实例 72）

彩图 142　夫妇住宅外景（实例 73）

彩图 144　韦斯特波基特住宅外景（实例 74）

彩图 143　夫妇住宅入口（实例 73）

彩图 145　韦斯特波基特住宅起居室（实例 74）

彩图 146　韦斯特波基特住宅室内墙与柱（实例 74）

彩图 147 沙漠住宅外景（实例 75）

彩图 148 帕多住宅外景 1（实例 76）

彩图 149 帕多住宅外景 2（实例 76）

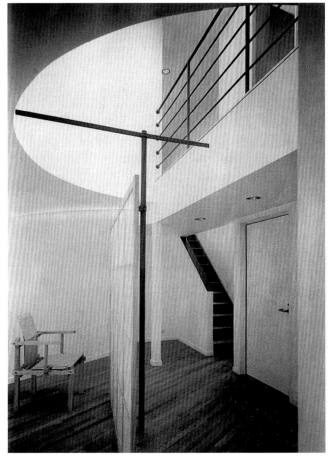

彩图 150 帕多住宅室内（实例 76）

彩图 151　甲壳住宅夜景（实例 77）

彩图 152　甲壳住宅墙面（实例 77）

彩图 153　热海住宅外景（实例 78）

彩图 154　热海住宅室内（实例 78）

彩图 155　佐木岛住宅外景（实例 79）

彩图 156　山岳住宅近景（实例 80）

彩图 157　山岳住宅远景 1（实例 80）

彩图 158　山岳住宅
远景 2（实例 80）

彩图 159 山岳住宅庭院（实例 80）

彩图 160 辛普森住宅外景（实例 81）

彩图 161 辛普森住宅庭院（实例 81）

彩图 162 兰其沃尼住宅外景（实例 82）

彩图 163 佳克莎住宅夜景（实例 83）

彩图 164 佳克莎住宅外景（实例 83）

彩图 165 小岛别墅外景 1 (实例 84)

彩图 166 小岛别墅外景 2 (实例 84)

彩图 167 小岛别墅室内 (实例 84)

彩图 168 私人住宅外景 1（实例 85）

彩图 169 私人住宅室内（实例 85）

彩图 170 私人住宅外景 2（实例 85）

彩图 171 西部住宅外景 1 (实例 86)

彩图 172 西部住宅外景 2
(实例 86)

彩图 173 西部住宅外景 3
(实例 86)

彩图 174 西部住宅走廊（实例 86）

彩图 175 西部住宅起居室（实例 86）

彩图 176 达文波特住宅外景（实例 88）

彩图 177 达文波特住宅室内（实例 88）

彩图 178 艾德蒙逊住宅近景（实例 89）

彩图 179 艾德蒙逊住宅外景（实例 89）

彩图 180 艾德蒙逊住宅室内（实例 89）

彩图 181 雷达住宅外景（实例 90）

彩图 182 雷达住宅室内（实例 90）

彩图 183 普林斯住宅外景（实例 91）

彩图 184 史密斯住宅外景（实例 92）

彩图 185 香山别墅外景 1（实例 93）

彩图 187　香山别墅室内（实例 93）

彩图 186　香山别墅外景 2（实例 93）

彩图 188　双极别墅外景（实例 94）

彩图 189　双极别墅阳台（实例 94）

彩图 190 希望住宅外景（实例 95）

彩图 191 公园路住宅外景 1（实例 96）

彩图 192 公园路住宅外景 2（实例 96）

彩图 193 公园路住宅室内（实例 96）

彩图 194 公园路住宅楼梯间（实例 96）

彩图 195 德国私人住宅外景（实例 97）

彩图 196　德国私人住宅屋架（实例 97）

彩图 197　德国私人住宅起居室（实例 97）

彩图 199　鸟宅外景（实例 99）

彩图 198　博道克斯住宅模型（实例 98）

彩图 200　舒尔兹住宅外景（实例 100）

彩图 201　舒尔兹住宅露台（实例 100）

彩图 202　瀑布住宅外景
（实例 101）

彩图 203　森林别墅模型（实例 102）

彩图 204　斯瑞梅尔住宅室内（实例 103）

彩图 205　斯瑞梅尔住宅近景（实例 103）

彩图 206　斯瑞梅尔住宅远景（实例 103）

彩图 207　布莱德斯住宅夜景（实例 104）

彩图 208　布莱德斯住宅室内（实例 104）

彩图 209　布莱德斯住宅模型 1（实例 104）

彩图 210　布莱德斯住宅模型 2（实例 104）

彩图 211　克劳福特住宅模型 1（实例 105）

彩图 212　克劳福特住宅模型 2（实例 105）

彩图 213　克劳福特住宅外景 1（实例 105）

彩图 214　克劳福特住宅室内（实例 105）

彩图 215 克劳福特住宅外景 2（实例 105）

彩图 216 克劳福特住宅入口（实例 105）

彩图 217 克劳福特住宅外景 3（实例 105）

彩图 218　太格住宅外景 1（实例 106）

彩图 219　太格住宅室内（实例 106）

彩图 220　太格住宅外景 2（实例 106）

彩图 221　凯马住宅外景 1（实例 107）

彩图 222　凯马住宅室内 1（实例 107）

彩图 223　凯马住宅室内 2（实例 107）

彩图 224　凯马住宅外景 2（实例 107）

彩图 225 迪耶茨住宅外景（实例 108）

彩图 226 迪耶茨住宅室内（实例 108）

彩图 227 德瑞格住宅外景 1（实例 109）

彩图 228　德瑞格住宅外景 2（实例 109）

彩图 229　德瑞格住宅室内（实例 109）

彩图 230　诺顿住宅外景 1（实例 110）

彩图 231　诺顿住宅外景 2（实例 110）

彩图 232　诺顿住宅室内（实例 110）

彩图 233　苏诺玛海岸
住宅外景（实例 111）

彩图 234　苏诺玛海岸住宅夜景（实例 111）

彩图 235　苏诺玛海岸住宅室内（实例 111）

彩图 236　温雅住宅外景（实例 112）

彩图 237　温雅住宅室内（实例 112）

彩图 238　阿默别墅外景 1（实例 113）

彩图 239　阿默别墅外景 2（实例 113）

彩图 240　阿默别墅夜景（实例 113）

彩图 241　阿默别墅起居室（实例 113）

彩图 242　如特客舍外景（实例 114）

彩图 243　如特客舍庭院（实例 114）

彩图 244 盖特住宅外景 1（实例 115）

彩图 245 盖特住宅外景 2（实例 115）

建筑设计指导丛书

别 墅 建 筑 设 计

天津大学

邹 颖 卞洪滨 编著

中国建筑工业出版社

图书在版编目(CIP)数据

别墅建筑设计/邹颖等编著. —北京:中国建筑工业
出版社,2000.9(2023.8重印)
(建筑设计指导丛书)
ISBN 978-7-112-04245-6

Ⅰ.别…　Ⅱ.邹…　Ⅲ.别墅-建筑设计
Ⅳ.TU241.1

中国版本图书馆 CIP 数据核字(2000)第 15087 号

　　别墅建筑设计是大专院校建筑专业建筑设计及自学建筑设计者入门阶段的基
础设计课程,本书通过对别墅设计各个环节的系统分析,帮助读者从构思、空间
组织、平面布局、风格展现等方面了解别墅设计的方法。同时,别墅风格的变化
也是建筑思潮演变的晴雨表,书中精心挑选了 115 个 90 年代以来世界各地有代表
性的别墅实例,向读者介绍当今别墅设计的最新进展和建筑潮流的主要方向。别
墅作为特殊的住宅多年来是我国城市建设的一个热点,本书系统的介绍和实例也
能够为我国的别墅建设和开发提供必要的借鉴。

　　本书可作为建筑院校有关专业教材和教学参考用书,也可供建筑设计、室内
设计与装修、科研以及房地产经营与开发等人员参考。

＊　　＊　　＊

责任编辑:王玉容

建筑设计指导丛书

别墅建筑设计

天津大学

邹　颖　卞洪滨　编著

＊

中国建筑工业出版社出版、发行(北京西郊百万庄)
各地新华书店、建筑书店经销
北京云浩印刷有限责任公司印刷

＊

开本:880×1230 毫米　1/16　印张:15¼　插页:32　字数:481 千字
2000 年 9 月第一版　2023 年 8 月第三十二次印刷
定价:**69.00** 元
ISBN 978-7-112-04245-6
(9669)

出 版 者 的 话

"建筑设计课"是一门实践性很强的课程,它是建筑学专业学生在校期间学习的核心课程。"建筑设计"是政策、技术和艺术等水平的综合体现,是学生毕业后必须具备的工作技能。但学生在校学习期间,不可能对所有的建筑进行设计,只能在学习建筑设计的基本理论和方法的基础上,针对一些具有代表性的类型进行训练,并遵循从小到大,从简到繁的认识规律,逐步扩大与加深建筑设计知识和能力的培养和锻炼。

学生非常重视建筑设计课的学习,但目前缺少配合建筑设计课同步进行的学习资料,为了满足广大学生的需求,丰富课堂教学,我们组织编写了一套《建筑设计指导丛书》。它目前有:

《建筑设计入门》　　　　　《小品建筑设计》
《幼儿园建筑设计》　　　　《中小学建筑设计》
《餐饮建筑设计》　　　　　《别墅建筑设计》
《城市住宅设计》　　　　　《旅馆建筑设计》
《居住区规划设计》　　　　《休闲娱乐建筑设计》
《博物馆建筑设计》　　　　《图书馆建筑设计》
《现代医院设计》　　　　　《交通建筑设计》
《体育建筑设计》　　　　　《现代剧场建筑设计》
《现代商业建筑设计》　　　《场地设计》
《快题设计》

这套丛书均由我国高等学校具有丰富教学经验和长期进行工程实践的作者编写,其中有些是教研组、教学小组等集体完成的,或集体教学成果的总结,凝结着集体的智慧和劳动。

这套丛书内容主要包括:基本的理论知识、设计要点、功能分析及设计步骤等;评析讲解经典范例;介绍国内外优秀的工程实例。其力求理论与实践结合,提高实用性和可操作性,反映和汲取国内外近年来的有关学科发展的新观念、新技术,尽量体现时代脉搏。

本丛书可作为在校学生建筑设计课教材、教学参考书及培训教材;对建筑师、工程技术人员及工程管理人员均有参考价值。

这套丛书将陆续与广大读者见面,借此,向曾经关心和帮助过这套丛书出版工作的所有老师和朋友致以衷心的感谢和敬意。特别要感谢建筑学专业指导委员会的热情支持,感谢有关学校院系领导的直接关怀与帮助。尤其要感谢各位撰编老师们所作的奉献和努力。

本套丛书会存在不少缺点和不足,甚至差错。真诚希望有关专家、学者及广大读者给予批评、指正,以便我们在重印或再版中不断修正和完善。

目　　录

第一章 绪 论

一、别墅的定义和特点

别墅往往指建在环境优美的地带、供人居住和休憩的独户住宅。别墅通常面积不大,一般由起居室、餐厅、厨房、书房、卧室、卫生间等几部分组成,能包容日常生活的基本内容,并具有一定的舒适性。

现代建筑发展过程中,随着社会生活内容的更新,别墅的形态和功能也不断变化完善。早期的别墅通常是大型的私人宅邸,而今天的别墅渐渐向小型化发展,内容小而全,讲求舒适方便,环境优美,特色突出,能反应居住者的个人风格和追求。

追溯别墅发展的脉络,我们也可以看到建筑思潮的演进。从早期现代主义的代表作品,如赖特的草原住宅、流水别墅,柯布西埃的萨伏依别墅,密斯的范斯沃斯住宅,到近几年的后现代主义、解构主义、新理性主义以及晚期现代派等设计流派,他们的作品风格各异,异彩纷呈,反映了不同流派的不同特点。别墅以其规模小变化多,成为最能反映建筑思潮的建筑类型。比如艾森曼就是以其别墅作品表达了他的解构主义的创作手法和思想理念。安藤忠雄、马里奥·博塔都是从他们独具特色的别墅作品开始渐渐被世人所认同,所喜爱,进而成为一代建筑名家的。

总的说来,别墅可能很简单,因为它的功能单一;但也可能很复杂,因为它可以具有丰富的空间造型,也常常反映了建筑思潮的发展和变化。

二、别墅设计的难点和原则

设计别墅是建筑设计的入门课程。设计一个完善而且有特色的别墅并不容易。一个好的别墅的设计概括说来要做到:(1)因地制宜,与自然景色结合,与周围环境协调。(2)功能组织合理,布局灵活自由,空间层次丰富。(3)体形优美,尺度亲切,具有良好的室内外空间关系。

许多初学建筑设计的人,常常会走两个极端。有些人或是追逐各种建筑潮流,盲目抄袭各种流派的设计手法,而忽略建筑设计的基本原则,或是把自己喜爱的一切都搬入自己的作品,造成空间混乱,建筑形象琐碎零乱;而另一些人又过于拘谨,设计作品的形象呆板,空间单一,不能反应别墅建筑的设计特点。这都是别墅设计所忌讳的。做一个好的建筑作品需要培养建筑素养,建立空间形体感觉,这需要多年的不懈努力,不是一朝一夕,做一两个设计就能具备的。本书的目的就是帮助初学者对建筑设计的过程有初步的了解,并对基地分析、功能组织、空间布局方法有一定的认识。

许多现代主义建筑大师曾指出,建筑设计必须做到实用、经济、美观。所谓实用,就是别墅设计必须满足基本的功能要求,只有功能合理,才能够为使用者提供有效而方便的使用空间;经济是指建筑作品不故弄玄虚,不设计华而不实的形式;而美观则要求所设计的别墅满足人们基本的审美要求,不求新奇、怪诞。作为初学建筑设计的人,牢记这一原则,时时把握自己的设计方向是非常必要的。

三、别墅设计的主要步骤

不论设计何种类别的建筑,都必须遵循一定的程序,别墅设计也不例外。在把任务书的抽象要求转变为具体的空间形态时,往往运用以下的步骤:

步骤表明设计者拿到任务书后,首先要对别墅的设计条件、建筑功能、基地条件如朝向、景观、车流和人流动线等进行分析。根据分析的结果以及自己对建筑形式的设想确定对别墅形态的意念。运用建筑语言和手法,用草图把意念表达为设计的初步结果,同时不断反复推敲空间形态、尺度、比例关系,结合对功能和效能的评估,确定令自己最为满意的别墅设计结果。最后用合适的表现方法传达设计结果。本书将按照以上的设计程序,具体介绍别墅的设计方法和手法。

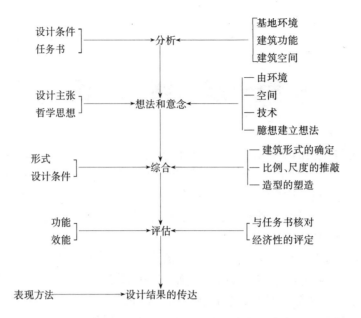

设计条件 ┐　　　　　　　　　　　　　　　┌ 基地环境
　　　　　├─────→ 分析 ←─────┤ 建筑功能
任务书　　┘　　　　　　　　　　　　　　　└ 建筑空间

　　　　　　　　　　　　　　　　　　　　　── 由环境
设计主张 ┐　　　　　　　　　　　　　　　── 空间
　　　　　├─────→ 想法和意念 ←──┤
哲学思想 ┘　　　　　　　　　　　　　　　── 技术
　　　　　　　　　　　　　　　　　　　　　── 臆想建立想法

　　　　　　　　　　　　　　　　　　　　　── 建筑形式的确定
形式　　　┐　　　　　　　　　　　　　　　── 比例、尺度的推敲
　　　　　├─────→ 综合 ←─────┤
设计条件 ┘　　　　　　　　　　　　　　　── 造型的塑造

功能　　　┐　　　　　　　　　　　　　　　┌ 与任务书核对
　　　　　├─────→ 评估 ←─────┤
效能　　　┘　　　　　　　　　　　　　　　└ 经济性的评定

表现方法 ──────────→ 设计结果的传达

2

第二章 别墅设计的分析与构思方法

第一节 基地条件分析

建筑设计也是一个从已知条件出发的求解过程,对基地条件的分析如同仔细探讨习题的限定条件,并以之为起点进行演绎和推理,以寻求最佳的结果。对基地的分析是别墅设计的第一步,基地往往以自身的形态和条件成为制约设计形态自由发展的限定因素,同时基地所处的地理位置,基地的人文环境条件,基地本身的地形、地貌、日照、景观等条件也为设计提供了必要的线索,使别墅成为特定条件下的必然产物。对基地条件的仔细分析为赋予别墅丰富的个性创造了必要的条件,并使设计有所依据,并非凭空想象。基地分析包括基地的自然条件分析和基地的人文条件分析。

一、基地的自然条件分析

基地的自然条件分析包括分析基地周围的景观、日照条件,以及基地本身的地貌、植被、地形和基地的形状等等。通常,基地本身的诸多因素极大地限定了设计的自由。比如基地的坡度往往直接影响别墅的平面形态和剖面设计。然而,在充分分析的基础上,细腻而准确的处理,也可以化解基地原有的不利因素。

(一)基地景观分析

基地的景观包括基地周围的自然风光:海景、山景、植被、林木等等;人文景观:古迹、文物等;以及基地范围内的可以成为景观的一切有利条件。对基地周围的景观条件的细致周全的把握,可以成为预先设定别墅开窗主要方向的根据,并利用对景、借景等手法充分利用环境因素,使人文、自然风光引入别墅内部,同时把杂乱、嘈杂的不利因素阻隔在别墅的视野范围之外。

景观分析的主要方法是对基地地形图的仔细分析和标注,以及对基地进行现场勘察。许多建筑师往往是亲自在基地上踏勘,在地形图上详细标注目力范围以内的自然造物,以及其从基地看去的视角和视距,甚至包括山的高度、仰角等,以便确定别墅开窗的方向和角度。在 Roto 事务所进行太格住宅设计的开始阶段,建筑师通过踏勘,在地形图上详尽标注了基地上的树木、地貌、景观以及它们之间彼此的相互关系,以求使建筑完全与基地相吻合(图1)。

对基地的分析也有利于把握建筑建成后对基地所在自然环境造成的影响,预见影响的结果。赖特的许多住宅作品依山而建,在选择建筑位置时,赖特分析了建筑物对山体形态的影响,认为别墅不宜建于山顶,而应该选择山腰的位置,一方面使建筑融于自然,另一方面不破坏山体形态,顺应自然,尊重自然。

分析景观条件以后,在中国传统造园中常用的借景和对景手法往往对基地与建筑形成有机联系起到重要的作用。所谓借景就是借用环境中的景观因素作为建筑景观的一部分,对景就是通

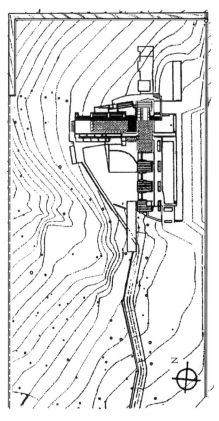

图1 太格住宅总平面图

3

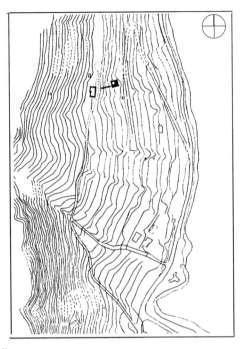

图2　独户住宅Ⅱ总平面图

过特别设计的一系列空间限定,使环境景观中的特定因素成为建筑视野中的对应物。对基地的景观分析可以在设计之初确定所选的借景或对景物体。马里奥·博塔1971年设计的独户住宅(图2),屹立于圣乔治奥山脚,与鲁甘诺湖对岸的古老教堂隔岸而立,红色的桥是从外界通往建筑的主要入口,从门厅上回眸望去,桥体如同一个红色的画框把对岸的古老教堂容纳其中,使古老与现代产生了视觉上的对应关系,通过对景完成了古今的对话,这种建筑与环境的对应是必然建立在建筑与环境分析的基础上的。

当然,基地环境有时也不尽人意,建筑师不希望一些杂乱的景物进入别墅的视野,因而需要在基地分析时做出标定,以利取舍。尤其在建筑密集的城市地段,基地周围的建筑往往已经建成,基地处于这样的缝隙中,必须考虑与周围建筑的关系,比如与相邻建筑的山墙的关系,周围建筑对别墅造成的影响,别墅对邻里建筑的影响等。这些影响包括建筑间彼此对日照、主导风向的遮挡,视线之间的干扰,以及别墅自身及邻里的建筑风格对街景的影响等。安藤忠雄的作品"住吉的长屋"建于大阪市中心的狭长基地上(图3),周围环境嘈杂混乱,多为零乱的多层建筑,没有建筑师所需要的天光云影、湖光山色。为了回避不利的环境条件,建筑师把建筑外墙完全封闭,除了入口,不开其他的洞口,同时在建筑中心设计一个庭院,从庭院感受风霜雨雪、四季变换。当然,安藤所采用的是最为极端的设计手法,通常许多建筑师多采用封闭某些视野范围的方法,如回避不利的景观条件或邻里环境。

(二)日照分析

在建筑设计中,日照是重要的自然因素。日照影响着别墅的采光和朝向设计,以及各个功能空间的建筑布局。通常别墅的生活起居空间需要比较充分的日照,并争取布置在南向以及东南或西南朝向,而别墅的服务、附属空间则多布置于没有直接日照的北向。

图3　住吉的长屋

对日照的分析要把握太阳的运动规律,动态分析一日内太阳由东向西的运动轨迹,以及一年春夏秋冬四季的太阳高度角变化,在争取日照的同时,做到夏季的遮阳。对一日内太阳的日照方式把握主要涉及以下几个方面,(1)早晨太阳位于东面,早晨的阳光明亮,但温度不高,在此日照范围区域适于布置早餐空间及厨房;(2)上午至中午阳光的照射使温度逐渐升至最高,亮度也同步增强,到中午太阳运动到正南向,在此日照范围内适宜布置起居室、餐厅以及温室等空间;(3)中午到下午太阳从烈日当空而渐渐西沉,西面的阳光比较强烈,通常会以遮阳板或花架遮阳。另外在许多地处郊野的基地,日落的景色也是壮丽的自然馈赠,在建筑设计中需要考虑。另外,一年中随着四季的更替,各个季节太阳高度角也有所不同,夏季太阳高度角比较大,冬季比较小,因此需要据此对别墅房檐的出挑宽度进行设计,以求夏日遮阳和冬季阳光尽可能多地射入建筑内部(图4、5、6)。

在建筑造型设计中,对光影的考虑也是不可缺少的一个重要环节。瞬时变化的光影会使建筑的层次更加丰富,色彩更加生动。把阳光作为建筑塑造中的动态造型元素,分析和把握每日、每季的太阳高度、温

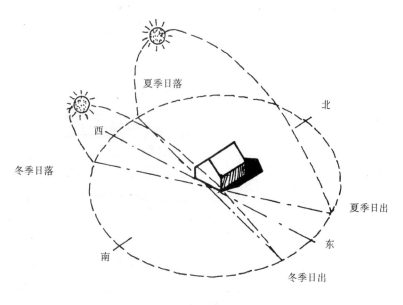

图4　日照分析

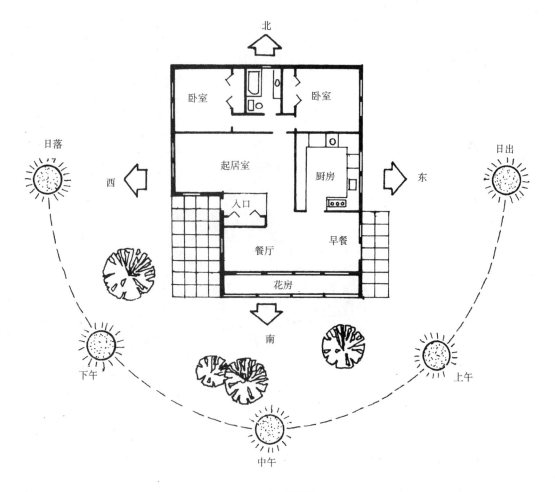

图5　日照分析

度、亮度的特征,有利于建筑设计细部的深入。

（三）基地地貌条件分析

基地地貌条件包括基地上的现存建筑物、树木、植物、石头、池塘等等现存的物质因素。这些地貌因素

5

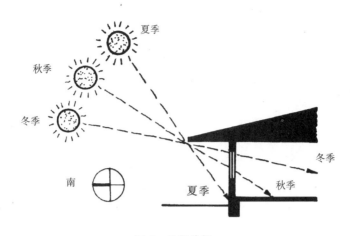

图6 日照分析

通常限定了别墅平面的形状和布局,需要在地形图上做出详细的标定,以便设计的深入和完善。

通常基地上有现存的建筑物时,新的部分往往是对旧有部分进行增建,需要新旧的结合和配合。旧建筑不仅占据了部分基地,同时也包含部分的使用功能,新建部分必须与旧有部分携手合作,成为一个完整的别墅。对旧有部分所具备的功能与空间进行分析,有利于把握新旧结合的方式、空间的组织,并使其具有协调的风格。如哈里里姐妹设计的新卡南住宅是为一个老建筑进行增建,在分析了旧有建筑平面的基础上,建筑师以旧建筑的入口部分作为新与旧的结合点,以具有乡土特征的廊桥连接二者,并重新分割了住宅的室内空间(图7、8)。而戴恩·多那设计的马什住宅的基地上,原有一个作为业主的画室的单层石材建筑物,建筑师不仅对它进行改造,使之成为住宅的一部分,同时在建筑的底层选用与原有画室相同的石材作建筑材料,以求风格上的统一。

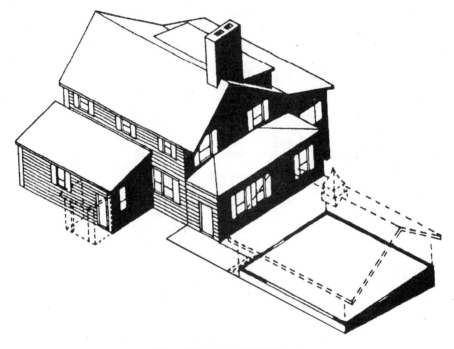

图7 新卡南住宅轴测图(一)

基地上无法移动的巨石、不能伐倒的古树虽然局限了建筑平面的自由发展,但如果处理得好,也可能成为建筑设计的点睛之笔。住宅平面围绕一棵参天大树展开,或以之作为庭院中的视觉焦点、空间序列的高潮,都可以不辜负自然造物的天成情趣,使设计与基地固有特征有机融合。在贝聿铭的香山饭店设计中,大师在地形图上相应标注每一棵古松的位置,使基地上的绝大部分古松得以保留,令建筑平面在曲折

6

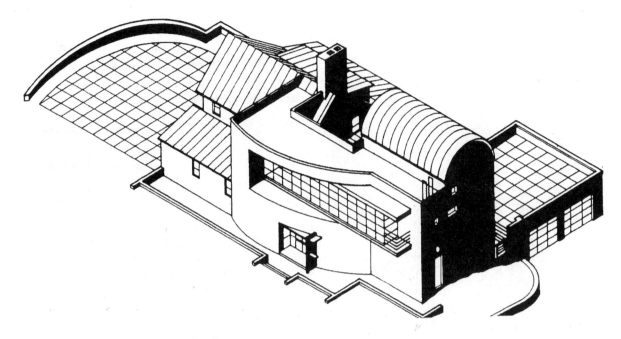

图8　新卡南住宅轴测图(二)

辗转中具有自然的雅趣,新建的建筑也可以掩映在松风之中。在罗伯森住宅中,基地坐落于巨大的岩石之上,为与水平线条的自然景观对比,建筑采用12m×12m的四层的立方体的简单体形,在建筑的底层采用与岩石呼应的建筑材料,以求色彩和质感的统一,使住宅产生从岩石中破土而出的效果(图9)。

（四）基地坡度分析

任何基地很少有百分之百的平坦,尤其在城郊或野外的基地基本都会随地表的自然走势有或陡或缓的坡度。对于小于3%的坡度,在建筑处理上就可以大致按照平地的处理方式进行设计。然而在许多地处郊野的基地,坡度时常很大,有时甚至可以达到45°,这样的地形将对别墅的平面、剖面设计产生极大的影响,限制空间组织的方式和平面的自由展开。

图9　罗伯森住宅

对于坡度较大的基地,平面设计可以采用基于坡度层层叠落的布局方式。而层层叠落的布局,必须根据地形坡度对建筑的剖面细致设计,以使建筑的叠落方式与基地相吻合。此种设计手法可以使建筑形态比较自由舒展,风格更具野趣。加拿大建筑师埃里克森设计的史密斯住宅和美国建筑师弗兰克林·埃斯瑞尔的德瑞格住宅(图10)是这种叠落式别墅的典型代表,虽然二者的建筑风格不同,但建筑的空间组织方式极其相似。建筑的入口选择在建筑的最上层,空间逐层随基地的坡度台阶状展开,每层具有近似的功能属性或私密程度,各个楼层间以室内楼梯相联系,同时结合室外的台阶、平台、庭院等等形成丰富的空间层次。而美国的纽曼住宅(图11)是这种处理方式的极端的实例,由于基地的坡度过大,建筑不得不被分成两个部分,二者由顶层的桥连接起来。

当然,也有设计不理会地形的坡度,别墅垂直于基地,通过一个桥使建筑的某一层与外界相连。如迈耶的道格拉斯住宅(图12),面湖建于山坡之上,建筑四层高,入口在最上层,一个桥从室外道路引入进入住宅的最高层。建筑并不迁就地形和试图与基地的坡度相吻合,而是以独立的体量与基地硬性碰撞在一起。白色的建筑与环境的自然形态并不调和,而且在布局上也以一种与基地对立的方式表现自身,从而表达建筑师独特的手法和个性。

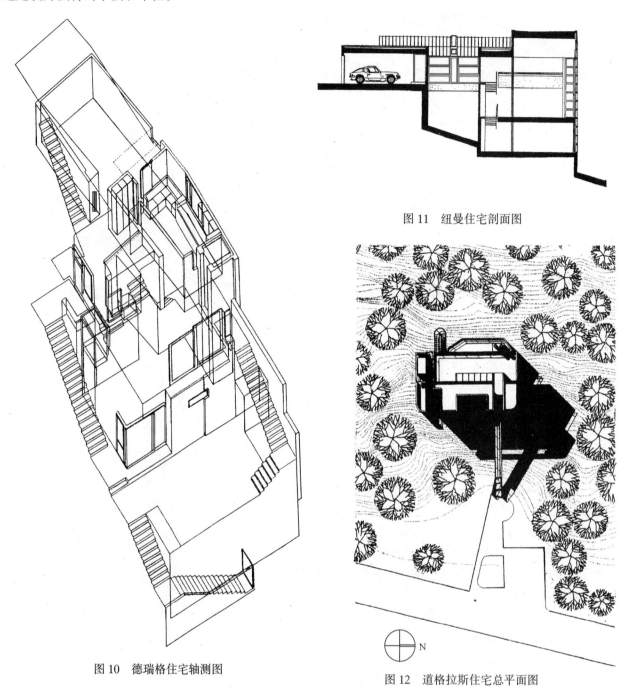

图11 纽曼住宅剖面图

图10 德瑞格住宅轴测图

图12 道格拉斯住宅总平面图

（五）基地形状分析

基地的形状通常极大地限制平面形态的发展,比如基地处于城市中心地区的密集社区中,在周围建筑的包围之下,基地被周围建筑所界定,此时基地的形状可能不太规则,特定的基地形状将限定别墅平面的形态。如墨西哥的李住宅(图13),基地周围的建筑都是三层高的独户住宅,建筑与北面的三层建筑的山墙相接,使建筑北面的建筑形态被限定,为了争取南向的采光,不得不在建筑的南面留出庭院和露台,同时为了保持街景立面的完整性,建筑沿街的部分立面其实只是一片三层高的墙,以期使之与邻里建筑相配合。

另外如果基地是某种特殊的形状,比如三角形、六边形,在设计中也可能以此出发,以该形状作为别墅

8

平面设计的母题,演绎出独具特色的建筑平面。如西班牙的瓦维垂拉独户住宅(图 14),基地不仅处于坡地之上,而且形状极不规则,建筑师把它化解成三角形和梯形,并以这两种形态作为建筑平面设计的母题。建筑平面被处理成彼此平行的两个体量,中间以一个平台相连。在外观上,坚实的体量与尖锐的棱角让人联想到贝聿铭的华盛顿美术馆东馆的处理。

二、基地人文条件分析

任何建筑都必然处于特定的自然与人文双重环境中,受自然环境与人文环境的影响和制约,同时建筑也通过自身的形态作用于自然和人文环境。不同地域文化会造就不同的建筑形态和风格,同时地域文化反映于居住者的生活方式中,使建筑的空间布局、使用方式、建筑特征有所差别,同时不同的地区具有不同的建筑风格,如日本的和风住宅(图 15)、傣家的傣楼等等;不同的宗教信仰对住宅有不同的要求,如伊斯兰住宅中极其讲究的朝拜空间等等。对基地所处地域的人文环境的把握,可以使建筑更加合乎使用需求和精神需求。

基地的人文条件分析包括分析基地所处的特定地区的文化取向、建筑文脉、地方风格,以及详细了解限定别墅设计的地方法规、规划控制条例等等。

(一) 文化取向、文脉与风格

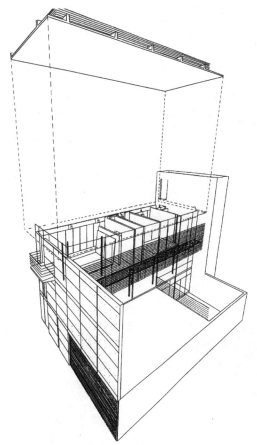

图 13　李住宅轴测图

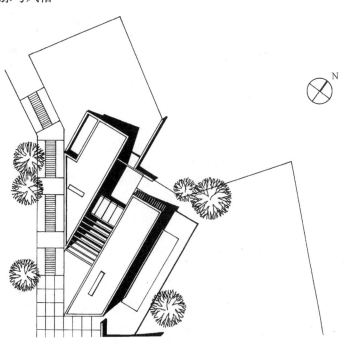

图 14　瓦维垂拉住宅总平面图

建筑的文化取向表达了建筑在精神层面的需求。在别墅的设计中,烙印着文化取向和价值观念的居住者的生活方式极大地影响着设计的最终形式。比如和风建筑以塌塌米的尺寸为建筑模数,以推拉门分割空间,建筑通透,空间变化丰富多样,而且住宅内的和室往往并不需要直接对外的采光,在形式上如同通常建筑设计中所忌讳的"黑房间"。

对地方建筑传统的深入了解和仔细研究,也有利于建筑设计的地域性特征的形成。例如斯蒂文·霍尔所设计的温雅住宅,基地位于马萨诸塞州的海边,建筑师并没有简单采用常规的建筑形式,比如当地常见的维多利亚橡木农舍、海边的船长住宅等。相反,建筑师希望建筑可以表现更加深层的文化内涵,在他对当地建筑传统进行了比较深入的研究之后,从当地印地安人传统的建屋方式中得到灵感:传统上,当地的印第安人建窝棚时,会选择海边已经风干的鲸鱼的骨架作为建筑的主要支撑结构,在骨架上覆以树皮或动物皮革作为墙体。温雅住宅(图16)就是以木构架模仿鲸鱼的形态,在设计上继承了印第安人的部分手法,使建筑表达了鲜明而独特的地域文化特征。

图15　黑木之家

图16　温雅住宅

对地方建筑文脉的了解,也是人文环境分析的必要组成。所谓文脉(context)就是指建筑所处环境中周围建筑的特征和风格。在特定的地区,尤其是在具有某些历史风格或乡土风格的地段,更是需要对当地的地方建筑特征进行分析和总结、概括,从而做到建筑风格的和谐与统一,以及建筑精神气质的一脉相承。例如美国阿肯色州的集合住宅(图17),相邻的建筑是古典的维多利亚式建筑,为呼应邻里建筑的风格,住宅运用多变的屋顶造型和木檐板的外墙取得与当地风格相一致的特征,在使建筑具有历史感的同时,顺应了地方的建筑文脉。

图17　集合住宅

此外,了解并尊重业主的生活方式和生活习惯,也会赋予别墅以个性特征。例如,弗兰克·盖里的诺顿住宅(图18)是为一个早年做过救生员的剧作家而设计的。由于当年的救生员生活对业主的一生有着巨大的影响,他希望住宅能够协助他保持对这段生活的记忆。于是在建筑设计中,业主的书房被独立出来,处理成海边救生员小屋的形式。再比如,博道克斯住宅(图19)是为一个丈夫是坐轮椅的残疾人家庭所设计的三层建筑,一部为方便丈夫进入各层楼的电梯成为建筑设计的中心元素,通过电梯的帮助,丈夫可以方便地通达建筑的主要部分,同时建筑的开窗也不同于一般的做法,而是分别按照正常的视野以及丈夫卧和坐的视线高度做出不同的设计,充分体现了对残疾人的生活方式和生活细节的理解和顺应。

（二）地方法规和条例

基地所处地方的人文条件也包括地方建筑管理机构为基地及基地周围的建筑形式、构建方式、基地使用情况所规定的某些限制。这些限制包括当地的地方法规、基地的红线要求、建筑的退红线规定,以及对建筑高度、建筑风格等等方面的具体要求(图20)。

图18　诺顿住宅

图19　博道克斯住宅

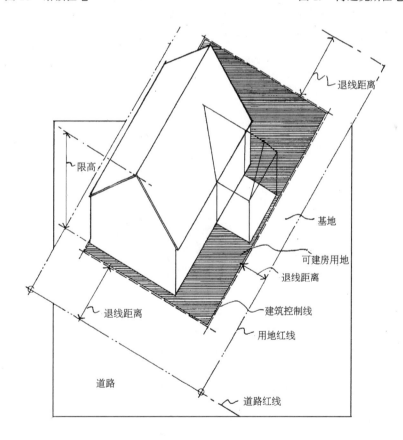

图20　规划条件示意图

所谓建筑红线是地方规划部门根据基地周围的建筑布局所制定的对建筑构建范围的限制,建筑物不得超越基地的红线范围,而且有时建筑物不能紧压红线,需要退离红线相应的距离。规划部门出于对公共利益的维护,通过对红线、退红线的规定,以及对建筑高度的规定等,限制建筑的自由延伸,使建筑与左邻右舍协同起来,赋予环境以整体性。另外在许多历史地段,管理部门往往还仔细地规定建筑必须具有的某种具体的风格特征。比如建于日本仙台的 C 住宅,基地北面的 1/3 是日本建筑法规所规定的"易火区",在设计时必须空出,同时北墙必须处理成防火墙,且不得开窗,这些限制给建筑设计出了不大不小的难题。又如安东尼·埃默斯的海滨住宅(图 21),依照当地的地方法规,建筑沿街的立面,必须设一个有特定高度和尺寸的前廊,以与邻里一起形成风格统一的街景。在设计之初就了解并遵守这些地方法规,可以使设计少走弯路。对学生来说,虽然没有必要在繁杂的建筑法规上花费过多的精力,但养成了解和遵守法规的良好意识,对建筑师的成长十分有益。

图 21　海滨住宅

第二节　基地动线分析

所谓动线,就是指人流及车流的运动轨迹。对基地的动线进行分析,可以具体把握基地周围和基地内部的人、车运动速度、路线和方式,对建筑入口、车库的位置和停车方式的选择,以及建筑造型重点的选定都具有非常重要的作用。

一、基地周围的动线

基地周围的交通方式和动线特征是基地周围动线分析的重点。首先需要对基地周围的道路情况进行标注,并且对不同宽度和通行等级的道路进行分类,以分别确定人和车从外界到别墅的最佳通达方式。别墅的庭院入口一般不宜选择在车速快、交通流量大的城市道路上。同时从外界到建筑的通达方式也影响着具有主要表现力的建筑体量和造型形态的布局位置,通常别墅的造型设计重点是从外界易于看到的部分。如果基地是在坡地上,从坡地高处到达建筑与从低处到达建筑,建筑体形设计重点有所不同。如果动线方向来自高处,要求建筑的顶部处理比较丰富,屋顶有较多的层次和起伏。如果动线来自低处,建筑的造型重点应该是建筑本身,以色彩、质感、光影等等方面的设计吸引人的视线。

二、基地内部的动线

基地内部的动线分析指在基地范围内使用者和汽车可能的运动轨迹。使用者包括业主、客人、佣人,他们往往使用建筑的不同的入口,以期各自直接到达起居空间或辅助空间等不同性质和使用功能的空间。同时基地内私人轿车进入车库的方式、转弯半径、道路宽度等等也需仔细设计(图 22、23)。通常轿车需要

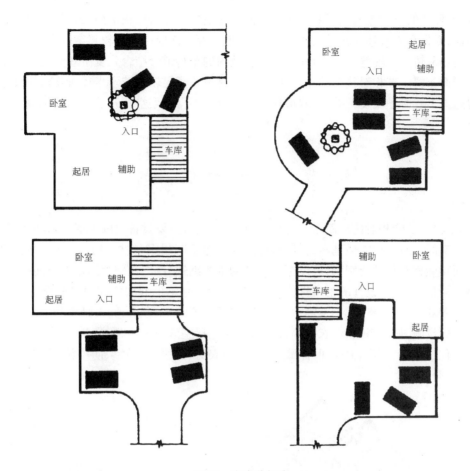

图 22 车库分析①

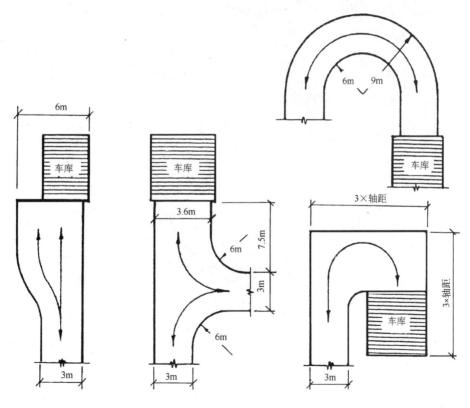

图 23 车库分析②

设计成以最直接、便捷的方式进入别墅的车库。然而当住宅的车行入口在南面,为了避免车库占据采光效果最好的南向面,而把车库设计在北面或西面时,在基地内部就需要设计比较复杂的车行道路。一般一条单车道的宽度为3m,轿车的转弯半径为6m。有时基地内的车行道会结合儿童游戏空间、洗车地以及硬质铺面的室外空间而布置。在相对狭窄的建筑基地上,有时不易满足轿车转弯半径所要求的尺寸,因而在车库的平面位置选择上就必须反复调整,争取最佳答案。有时不得不架空建筑的一层,以在基地内部满足车行路线的要求。

第三节 建筑功能分析

一般认为,别墅是功能相对比较简单的一种建筑类型,通常只要具备家庭生活所需功能,如起居、就寝以及相应的辅助空间。对于功能最基本的别墅,可能仅仅包括起居室、餐厅、厨房、卫生间、卧室以及必要的储藏空间。而功能相对复杂的别墅,可以把居住者的生活细致分解,在别墅的不同空间中满足不同的使用功能。以格瓦斯梅·西格尔设计的祖米肯住宅为例(图24),住宅的起居空间包括起居室、早餐室、餐厅、图书馆、音乐室、游戏室、艺术室、读书室等;卧室空间包括儿童卧室、客房、佣人卧室和主卧室(主卧室还相应附带很多的附属设施,如主浴室、藏衣室等);交通空间包括主入口和主楼梯,以及辅助入口、楼梯;复杂多样的辅助空间包括车库、厨房、卫生间、储藏室,以及洗衣房、酒窖、机械室、防空洞、游泳设备室、游戏设备室、园艺工具室等等。

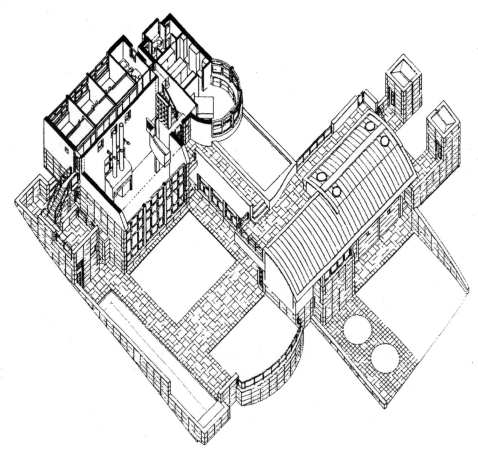

图24 祖米肯住宅轴测图

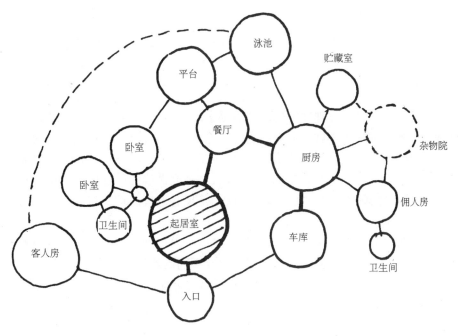

图25　功能关系图

不论别墅大小,其需要的使用功能项目都可以划入相应的类别中。通过对上述实例的功能描述我们可以看出,一般别墅的主要功能可以基本分成四类,即起居空间、卧室空间、交通空间和辅助空间。这四类中,每一类都是一个功能元素簇,统领着某些使用功能。起居空间是居住者动态日常生活的空间,空间气氛比较活跃;卧室空间是居住者的休息空间,需要保持安静、私密的气氛;辅助空间主要包括别墅所必需的服务设施;而交通空间把以上三者联系成为一个有机的整体(图25)。

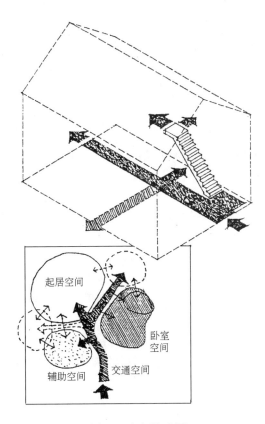

图26　空间构成图

对别墅的使用功能的归纳分类使我们对别墅所需的主要功能元素有一个大局上的认识,从而便于别墅空间的安排组织。在设计中,有一些使用功能相联系的功能串需要特别注意。比如餐厅、厨房功能串,在餐厅与厨房必须直接相连的同时,厨房所附属的储藏室、餐具室(对大型别墅有时还附带厨师专用的卧室)也必须直接与厨房相联系。又如主卧室功能串,主卧室通常与主更衣室、主浴室直接相连,三者成为可以互相穿过的有机整体。另外,车库通常也与洗衣房及工具间相邻布局,成为一个比较常见的功能串。

对于初学建筑设计的人,结合使用功能和室内空间动线绘制一个功能分析图,是清晰把握功能需求和空间布局的有效手段。在图中各个使用功能分类后以表示使用者动线的线段联系起来,形成完整的功能分析图,从而非常直接地整理了别墅布局和空间组织以及各个功能之间的组合关系(图26)。

第四节　建筑设计的构思

一、设计构思的理性层面

大部分科学领域的研究都是通过理性的思维过程寻求问题的答案的，一般运用的方法不外乎是演绎推理法和归纳推理法。所谓演绎推理就是从对问题的结论所作的假设出发，经过论证而证明假设的正确性；而归纳推理法则正相反，它是从已知条件出发，在全面综合处理已知条件的基础上，按照逻辑的过程推知结论。建筑设计作为科学研究的一个分支，其研究方法也是遵循这两种程序的。前面所论述的别墅设计分析方法，正是按照逻辑推理的步骤，对已知条件分析、整理和剖析的理性过程。设计者希望通过这个过程推知设计结果。

然而建筑设计并不像做数学题，在对已知条件分析之后可以得到唯一的结论。建筑的艺术属性使建筑设计有时更像写作文，对相同题目和相同素材，却会形成不同的表达形式，同时评定其优劣的标准也很难有唯一的标准。无论如何，在别墅设计中对各种条件进行充分而深入的分析，是按照理性的方式以分析的结果作为别墅设计的起点。

二、设计构思的非理性层面

建筑不仅是一个工程学科，而且也具备艺术学科的某些特征。而建筑设计更具有艺术创作的特点，其设计过程在理性的推理中也包含着非理性的成分，通常理性的推理会结合非理性的方法，二者相辅相成，共同作用于建筑设计的构思过程中。在设计过程中，设计灵感的闪现，以及对艺术思潮的追逐，甚至对自然形态的模拟都可能成为建筑设计的构思起点。

（一）灵感

建筑设计因其特有的艺术性内涵，使灵感的闪现也成为设计构思的一种手段，有时甚至灵感的突发，会赋予建筑设计以神来之笔。如同伍重灵感闪现设计的悉尼歌剧院的风帆造型，虽然造成了使用功能上的诸多矛盾，但毕竟其艺术性压倒了其余的设计属性而使之成为成功的设计作品。在别墅的设计中，灵感的激发可能源于多方面的因素，如类似形态的模拟（拟物、拟态等），以巴特·普林斯的作品为例（图27），他的灵感往往来自大自然的有机形态和材料，并由此在他的作品中表现了生物般的形态。灵感有时也来自对文化、历史事物的联想，比如斯蒂文·霍尔的温雅住宅中模仿印第安人"鲸骨"窝棚的造型等等。灵感往往需要设计者丰富的知识积累、纯熟的设计手法及其恰当地表达。

（二）建筑思潮与流派

不同的风格流派其建筑设计的程序、方法以及结果有所不同。在现代建筑发展中，近年来涌现出来的现代主义、晚期现代主义、后现代主义，新古典主义以及新理性主义、构成主义和解构主义等等，即使别墅的设计条件相似，根据各自的流派的理论和手法而达成的设计结果也会截然不同，甚至根本对立。例如解构主义建筑师艾森曼的设计过程是按照他所制定的形式句法而展开，梁、板、柱体系是他表达建筑思想的形式语汇，在他的作品中，无处不表现出冲突和矛盾。与艾森曼相对比，晚期现代派大师里查德·迈耶，其设计手法也是以梁、板、柱为设计语言表达复杂的空间，而他传承了现代主义均衡、和谐的构图，并使之更加丰富而富有表现力，迈耶的空间复杂而不冲突、丰富而不杂乱。虽然两个建筑师的作品外显形式比较类似，都是表现为平顶、纯净的色彩、穿插多变的框架、虚与实的强烈对比，但当我们细腻体验其空间结果时，却很容易体会到他们在深层含义上的彼此对立。

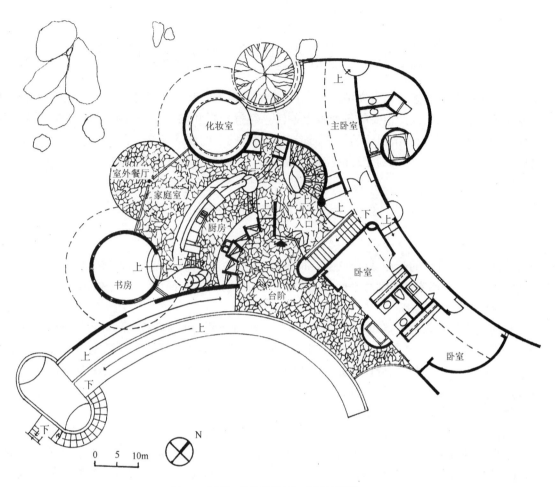

化妆室

室外餐厅

家庭室

厨房

书房

台阶

入口

主卧室

卧室

卧室

上

下

N

0 5 10m

图 27 巴特·普林斯住宅一层平面图

第三章　别墅的平面形态设计

在把握了基地的自然条件和人文条件,并对已有的基地条件和设计任务书进行了充分的分析之后,设计者已经详尽地掌握了与设计相关的各种限定条件。经过分析和取舍,在头脑中初步形成了对别墅形态的设计预想,并可以大致勾勒出粗略的总平面形态。别墅的平面设计在这一情形下开始,在平面设计的同时,成熟的建筑师往往通盘考虑到建筑的空间体量组织、立面形态塑造等等问题。

第一节　平面设计的原则

平面设计是别墅设计的起点,别墅交通空间的高效组织、各个功能空间的顺畅联系,以及各空间的比例和尺度的合理性等,都依赖于别墅平面的完善组织。在设计中,平面设计必须遵循以下原则:

一、空间功能的合理组织

别墅空间使用效果取决于空间功能的合理组织。在前面所述的功能分析中,我们已经把别墅的功能空间划分为起居空间、卧室空间、交通空间、辅助空间等几类。虽然别墅的空间组成并不复杂,但对于设计者来说,决定各个功能空间的划分以及如何进行联系是合理组织空间的关键。往往别墅的主人不同,各个功能区域所包含的服务设施也可能不同。

二、合理的空间元素与完整布局

在平面设计中,各个使用空间必须具有合理的比例和尺度。就一个房间而言,比较合适的比例通常遵循黄金分割规律,即面阔和进深的比大致是 2:3 的关系,同时每个房间的开窗面积不能低于房间面积的 1/7。对于别墅整体而言,必须讲究各个空间元素合理的位置和联系关系。比如起居室的充分日照,卧室的避免干扰,厨房与后门的关系等。车库如果与建筑主体分离,则二者的联系方式等也应有所考虑。同时在平面设计中,也应该尽量使建筑与环境建立和谐的关系。

三、高效的交通组织

交通组织的高效性通常是评价建筑平面效率与合理性与否的重要元素。在任何建筑平面中,建筑使用空间都是由交通空间联系起来的。别墅中主要的交通空间有:门厅、走廊、楼梯、过厅等等。由于别墅的面积一般不大,在设计中需要尽量使各功能空间布局紧凑,因此在丰富空间层次的同时,也要强调高效的空间组织。在设计中要减小走廊的面积,提高平面使用面积系数。建筑平面效率的检验方式是通过计算建筑的平面系数而表达的。所谓平面系数即建筑使用面积系数,其计算方法:

$$\frac{建筑总使用面积}{总建筑面积} \times 100\%$$

百分数的数值越高,表示建筑交通组织的效率越高。另一个检验交通空间效率的方法是在平面图中画出住宅的交通动线,根据交通的密集程度检验建筑交通组织是否有效。

减少走廊,减少走廊面积和提高面积系数有利于提高交通组织的效率。减少走廊面积的方法有:使交通空间与使用空间结合,比如将起居室与餐厅贯穿布局,通过家具的布置模糊地设置走廊空间,使走廊弱化成通道,从而达到高效组织空间的目的。另外,楼梯居中布局,走廊两侧都布置房间等均有助于提高空间组织效率。在别墅的平面设计中应该尽量避免过大的厅和过长的走廊,不仅因为别墅面积较小,不需要过于复杂的交通组织模式,而且因为这样的空间不宜被日光照亮,也不宜供热和制冷。

第二节　基本元素分析

一、起居空间

起居空间是别墅的公共使用空间,它包容别墅中主要的日常活动,是主人娱乐、看电视、吃饭、接待来访客人的主要地点。这里空间性质比较开放,使用频率高,也要求良好的景观、日照和通风条件。主要的起居空间是起居室、餐厅和家庭室。

1. 起居室

起居室是整个别墅的心脏,在布局上通常需要与主人口有比较直接的联系,由于其使用功能的独特性,起居室在空间处理上也比较自由,往往层高、开窗、建筑材料、空间尺度等都有独立的处理,从而使这里成为展示主人个人风格的场所。起居室中通常布置沙发、电视音响等供娱乐用的电器设施,并需要划分几个不同的空间领域,供可能的各类活动如会客、游戏、看电视等等使用功能的同时进行。在大型宅邸中,壁炉会成为起居室的视觉焦点(图28)。

起居室的平面形状往往影响其使用的方便程度,通常矩形是最容易布置家具的平面形式,适当面积和比例的袋形空间可能提供多样的布局可能性。L型的平面(即有两个呈L形的实体墙面)是比较开敞的布局方式,通常通过顶棚的造型、地面的高差等限定起居室的空间

图28　温雅住宅室内

范围,从而在空间具有流动性的同时对空间有所限定。正方形起居室不宜于家具的布置,而正多边形、圆形等形状因为平面本身具有强烈的向心性,因而在室内设计中和家具布局上需要提供中心感。不规则的平面形状(比如局部是弧形的矩形平面),可能造就比较活跃的空间气氛。

2. 餐厅

餐厅是居住者进餐的主要场所。因为同时与起居室和厨房有直接顺畅的联系,而使餐厅成为起居空间与服务空间的连接空间。餐厅中通常布置餐桌椅和一些必要的储藏橱柜或壁柜。在空间布局上,餐厅与起居室往往可分可合,即使分割也采用比较模糊的方式,比如用几个踏步、一个博古架、活动推拉门、顶棚的不同处理等把连续的空间作不完全的分隔,有时甚至餐厅和起居室干脆就是一个空间,只通过各自的家具布置使空间的使用方式有所区别(图29)。

图29　斯瑞梅尔住宅餐厅

图30　哈那斯住宅家庭室

3．家庭室

家庭室属于半公共空间,与起居室相比,它更强调只为家庭成员提供起居场所。许多别墅的家庭室是置于楼上或与卧室空间毗邻,以与起居室有明显的位置分别,以方便家人的使用。以西方人的生活习惯,厨房往往是家庭活动的中心,家庭室作为厨房的补充空间,有时与厨房相连,提供家庭成员非正式的起居场所,并同时兼顾健身、娱乐等多重功能。家庭室的气氛往往更亲切随意,面积也比起居室小(图30)。

4．书房

书房是居住者的读书、办公场所,应该布置在别墅中相对安静私密的位置,如卧室空间、地下室或阁楼上,以远离主要的公共活动空间。

二、交通空间

1．门厅

门厅是从室外空间通过入口进入室内的过渡空间。门厅应该与起居空间有最直接的联系,引导人流进入起居空间,同时也需要从门厅比较容易地找到主要楼梯,并尽量隐蔽通往服务空间或卧室空间的走廊,从而做到引导空间的主次有序。门厅需要具有一定的面积,从而允许来访者的短暂停留,同时这里也需要包括脱去外衣、更换鞋子的空间及相应的家具。门厅是既给予外来者对别墅的第一印象,又是与各个空间相联系的重要的枢纽空间,因而在设计中需要精心而细致的思考。

2．楼梯

在多层别墅中,楼梯是重要的垂直交通联系元素,同时也是一种潜在的装饰部件,楼梯对别墅空间序列的展开和表现具有不可替代的作用。与楼梯相关的设计内容包括两部分:一是楼梯的位置,二是楼梯的形式。楼梯的位置往往极大地影响别墅交通空间的组织效率,并决定着别墅二层以上空间的主要布局,合理的楼梯位置可能缩短别墅上层空间的走廊长度。楼梯的形式又可以分为楼梯本身的平面形状及楼梯的装饰特征。不同的楼梯形式,如单跑楼梯、两跑楼梯、多跑楼梯以及旋转楼梯等影响着别墅的平面组织方式和平面形态。同时由于楼梯是别墅中唯一的联系三维向度的立体元素,因而楼梯通常是空间装饰、塑造的重点(图31)。

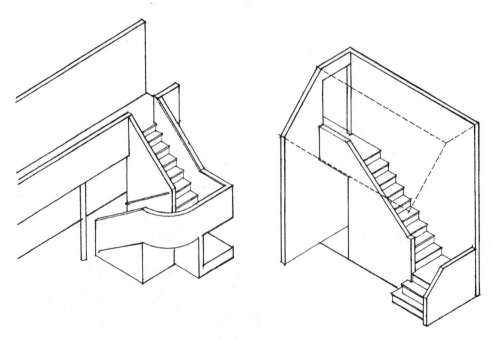

图31　楼梯造型示意图

在许多大型别墅中,楼梯都经过了精心的设计。由于沿楼梯踏步一步步向上的过程中,空间产生连续的变化,视点也在不停地转变,使人对别墅内部空间的体味更加生动具体。因而,建筑师有时把主楼梯与别墅的起居空间结合,从而形成更立体的室内造型,并有助于使用者形成更丰富的空间感受。

三、卧室空间

1. 卧室

由于卧室属于私密空间,又要求安静的环境,卧室的位置通常与起居空间有所分隔。在单层别墅中,卧室空间会设于相对独立的位置;在多层别墅中,卧室空间往往设于二层以上,从而使动静空间形成立体的空间划分。卧室空间需要与卫生间具有方便的联系。大型别墅的卧室有的还细分为儿童卧室、客人卧室、佣人卧室等等。通常佣人卧室会直接与一个小型的卫生间相连,而与主人卫生间分开使用。

2. 主卧室

主卧室指为主人夫妇专用的卧室空间。通常主卧室由三部分组成,即主人卧室、主人卫生间、更衣储物室。这三部分常见的连接方式是:以更衣储物室作为联系空间,卧室和卫生间位于两端。更衣储物空间的两侧一般沿通道设挂衣架及储鞋柜等,供主人使用。从使用动线上来说,三者的空间排列顺序为主人在浴室沐浴,到更衣室着装,然后返回卧室提供了较多的方便。由于主卧室在别墅中是比较重要的使用空间,通常要设于采光、景观条件比较好的位置,并争取做到相对的独立。

四、服务空间

1. 厨房

厨房是服务空间最重要的组成部分,在平面布局上,厨房通常与起居空间紧密相连,并与辅助入口直接联系,有时厨房还要与别墅户外的露台相连,同时,佣人卧室一般也位于厨房的附近。厨房是起居空间与服务空间最重要的联系体,其位置的选择必须精心思考。在大型的别墅中,厨房通常附属一个餐具的储藏空间和一个冷藏室。以西方的习惯,厨房需要比较好的日照条件和视野,因为家人常常聚在厨房,母亲也会从厨房的窗户照看在庭院中玩耍的孩子。

厨房本身的布置直接影响其使用的方便程度,也关系到厨房门的开启方式和厨房开窗的位置。厨房主要具有三部分的基本功能,即清洗(水池部分)、做饭(灶台、微波炉及烤箱部分)和储藏(冰箱及储物柜)。厨房的工作台布置方式有 L 形(图 32)、U 形(图 33)及平行布局。通常 L 形布局是使用最方便的布局方式。不论何种布局,灶台、冰箱和水池分别处于操作范围三角形的三个端点上。为了减小家庭主妇的操作距离,依照国外学者的研究结果,这个三角形的周长不应长于 6.7m。在 U 形布局的厨房中,U 形的端头通常布置水槽,并与对面的冰箱相对。

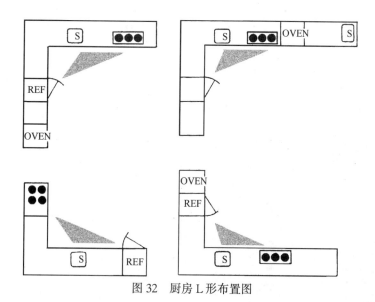

图 32　厨房 L 形布置图

2. 卫生间

为了使用上的方便,根据空间分区,别墅中至少会设两个卫生间,分别供公共空间和私密空间使用,往往

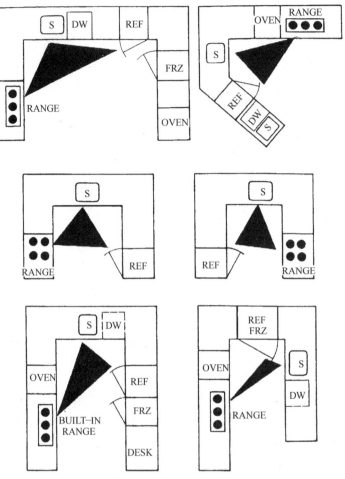

图 33　厨房 U 形布置图

主卧室和佣人卧室会附带供各自使用的独立卫生间,有时客人卧室也设独立卫生间。卫生间中多布置三件套,即面盆、坐厕和浴缸。在一些小型的别墅中,有的卫生间需要兼为洗衣空间,为洗衣机预留位置。在多层别墅中,上下层的卫生间位置需要尽可能地上下对应,为上下水及冷热水管道的合理布置创造条件。

3. 辅助用房

辅助用房包括洗衣房、车库、储藏室等辅助居住者日常生活起居所需的空间。辅助用房可以布置在别墅的北面或条件比较差的位置。车库的位置和车库门开口方向应该统筹考虑别墅庭院的人流和车流的动线。另外,车库独立于别墅之外时,有时可能兼用它遮挡冬日凛冽的北风或不太优美的景观等。车库的形状必须是矩形,并可以包容一个 3m×6m 的车位。

五、庭院

别墅的庭院通常具有三部分内容:室外活动空间,花草园林空间及道路。室外的起居空间应该直接设于起居室和餐厅附近,有足够的硬质地面供室外的娱乐或进餐。小型的别墅多仅以花草树木塑造庭院,当别墅基地比较开阔时,别墅中的小园林也会以水池、花架、灯饰并结合多样的地面铺装等布置,形成丰富的室外空间。值得注意的是,为了植物的生长和拥有生趣盎然的庭院,最好不要把小园林布置于不见阳光的北面。别墅庭院中的步行道路应与小园林结合设计,而车行道路必须

图 34　黑木之家庭图

相对独立,从而不会对室外活动和小园林造成干扰,并仔细考虑车行入库的转弯半径、尽端回车道、室外停车位等的合理位置和合理设计(图34)。

第三节　平面布局的形式

一、平面设计程序概述

总的说来,在对别墅的各个条件的分析并进行合理的功能分区之后,设计者逐渐对别墅的平面布局构思有了比较清晰的认识,并在头脑中形成了初步的设计"设想"。通常此时所表达出的设计结果往往是一个初步的、概念化的总平面。这个总平面一般以1:500的粗略草图表示,图中只能够表达几个大体的功能分区位置,起居室等重点空间的采光、景观以及所构思的别墅层数等等。

在进一步的设计过程中,设计者必须逐渐放大平面设计草图的比例,比如从初步构思的1:500扩大到1:200,以进一步在设计图上表达任务书所提出的各个内容彼此之间的联系和相对位置,并比较明晰地设计出交通的组织方式,比如楼梯的位置、门厅与走廊的关系等。如果是多层的别墅,也要尽量勾勒出二层平面可能的布局,从而检验楼梯的位置是否合理,上下层的卫生间位置是否对应,走廊是否过多或过长等等。刚刚学习建筑设计的人在这个设计过程中,可能出现所设计的结果与设计原则不符的情况,比如平面中出现了没有开窗采光的"黑房间",交通面积过大,以及设计的平面超出基地的限定范围等等;也可能设计的结果未能表现设计者的最初"设想",比如原本希望模仿赖特的草原住宅十字形平面的一些特征,但最终无法达成等,此时设计者可能推翻这个初步设计,重新尝试,以求满足设计原则,并表达自己的设计构想。因为此时的设计草图比例尺比较小,所以对各个元素布局位置的改动相对容易,勾画草图也节省时间。

在肯定了初步的设计草图后,设计图的比例尺可以扩大到1:100,从而结合对空间的构思完善平面设计。在别墅平面草图比例尺不断扩大的过程中,设计者所思考的问题也逐步从粗略到细致,从概念化到具体化。此时,设计者思考的问题涉及更多的细节,比如起居室与餐厅是以什么方式分隔,是彼此开敞,还是中间加入推拉门、家具或博古架,或者二者间是否设计几步高差,砌筑部分矮墙等等。此时还需要在平面图中标明门窗的位置,并在设计的平面中布置家具。通常门窗和家具布置可以检验平面使用是否合理,房间的长宽比例是否恰当,平面中是否有足够的墙面布置家具等等。对某些特殊的局部,比如卫生间的布置、起居室地面的铺装图案等等,可能需要1:50或1:20,以完成更加细致的设计。

从以上的论述中,设计者可以初步了解平面设计基本过程,但初学者希望设计出好的平面,不仅需要反复评估设计所达到的结果是否符合预想及设计原则,而且需要设计经验的积累和对成功实例的模仿与借鉴。

二、别墅层数与平面设计

在别墅平面设计开始阶段,就要决定别墅是建成单层还是多层。因为单层和多层在平面布局以及以后的建筑形式和体量方面所思考的问题以及设计的手法是不同的。

(一) 单层

单层别墅适合建于郊野、牧场等比较大的基地上。它可以充分利用基地的自然条件,如使建筑面向优美的景观展开,或者使建筑围绕水池、湖面布局。单层别墅平面布局通常自由而舒展,功能分区明确。在单层别墅中,几个功能区在同一平面上组成各自的功能组,比如起居空间、卧室空间、服务空间各为一组,以走廊和功能比较模糊的展廊、过厅等空间作为彼此的联系。由于单层别墅是沿水平面方向展开的,在建筑外观和体量设计时,往往缺乏垂直方向的元素,因此单层别墅的屋顶可能成为设计的重点,在平面设计时应该预先考虑到所设计的平面屋顶的可能形式。为增加单层别墅的自然气息或野趣,在平面中有时会插入室外露台、毛石墙或花架等伸展元素,并以此使平面更加舒展。例如,佳克莎住宅(图35)以起居室为中心,卧室和辅助空间分居两翼,室外露台和谐地伸展着,成为平面构图优美的补充,而多层次的屋顶和屋顶上的木构架,可增加建筑的体量和表现力。斯瑞梅尔住宅(图36)也是以同样的布局手法,不同的是屋

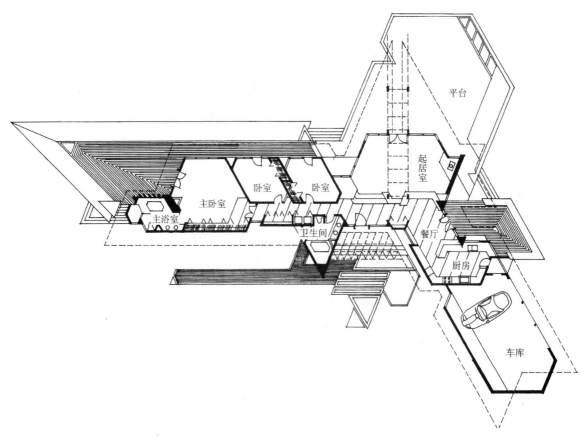

图 35　佳克莎住宅平面图

顶为平顶,但通过高出屋顶的透空顶棚增加了体量的变化,同时建筑体块涂上鲜艳颜色(以原色为主),使建筑的趣味性大增。

(二) 多层

多层别墅是适用性比较强的别墅形式,可以适合各种基地条件,尤其在用地紧张的城市中,更能发挥空间组织紧凑,占地少的优势。同时对一些面积大、功能复杂多样的大型宅邸,分层布局可以使功能分区更加合理(图 37)。另外,对于山地或坡地等特殊的地形,多层布局可以更充分地顺应地形。在构思别墅的造型和体量时,多层别墅可供模仿和借鉴的造型元素和手法也相对丰富一些。

图 36　斯瑞梅尔住宅

图 37　史密斯住宅

(三) 错层

24

错层是指建筑内部不是垂直分割成几个楼层,而是几个部分彼此高度相差几级踏步或半层,从而使室内空间灵活而且变化多样,给予使用者的空间感觉也更丰富。错层布局中,楼梯往往居中布置,楼梯跑的方向和楼梯在平面中的位置是空间组织的关键。常见错层布局有:

1.错半层

双跑楼梯的每个休息平台的高度为一组功能空间,每组空间彼此相差半层。科隆建筑师之家(图38)就是错半层布局的实例,别墅的楼梯位于建筑平面的中间,楼梯不再有休息平台,楼梯南北两侧相差半层。起居室空间与厨房餐厅空间、卧室和主卧室空间分居楼梯两侧,高度相差半层,空间错落。

2.错几级踏步

通常这种错层设计是在多跑楼梯的多个休息平台的高度布置不同的功能空间。以库拉依安特住宅为例(图39),别墅的正中是四跑楼梯,每个休息平台附带一个空间,从而使别墅的使用空间依从公共空间到私密空间的顺序螺旋上升,每个空间高度相差4个踏步,空间沿着楼梯自然顺畅地展开,丰富而有趣。

3.按照基地坡度错层

此种错层布局比较简单,平面中各个空间依照基地坡度逐渐向上展

图38 科隆建筑师之家

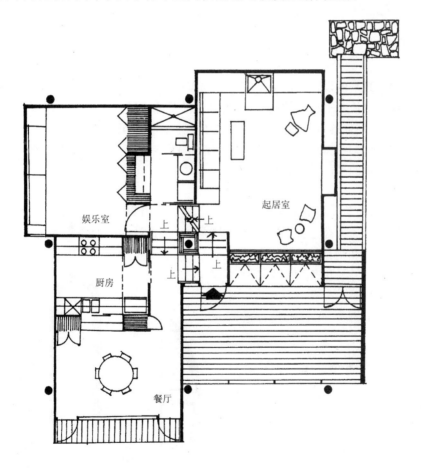

图39 库拉依安特住宅一层平面图

开,单跑楼梯也同时沿垂直等高线的方向向上,不同的休息平台通往别墅的不同使用空间(图40)。根据基地的坡度,楼梯跑的长度可长可短,每组空间的错落也可大可小。

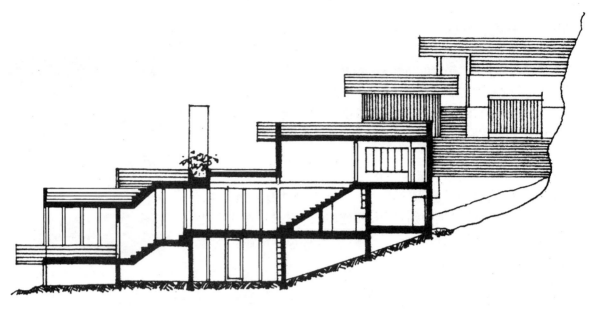

图 40　史密斯住宅剖面图

三、平面的设计手法

(一) 简单几何形

许多面积不大的别墅,其平面设计往往就是在一个简单的基本几何形(如矩形、正方形、圆形等)中进行空间的分割和划分,在满足任务书要求的同时,保持几何形状的完整性。例如,日本的香山别墅(图41)平面是在一个正方形内进行划分的,以正方形中心的柱子为平面和空间划分的辅助点,通过与边平行的线和45°线组织平面,并在屋顶形式的设计中呼应了平面中的45°线。另一个正方形平面的别墅实例,则是在正方形中加入斜线,使简单的平面活跃起来。

(二) 减法

减法是在平面设计中对简单几何形进行切、挖等削减,使简单几何形的边、角等决定轮廓的主要因素有所中断或缺损,但几何形状的大部分特征还保持。以减法手法设计的平面需要对几何形各个控制因素、辅助线和辅助点有深入了解和把握,要求设计者有很强的几何形状的控制能力。马里奥·博塔的一些别墅设计就是运用减法。例如在美蒂奇住宅中(图42),博塔运用纯熟的手法对圆形进行切削,打破简

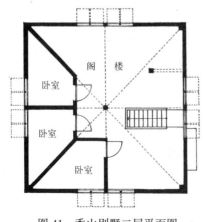

图 41　香山别墅二层平面图

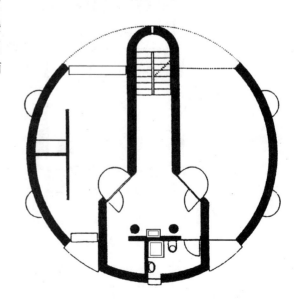

图 42　美蒂奇住宅一层平面图

单的平面,插入多种开口,并以此为在塑造体形时产生丰富的凹凸变化和虚实对比埋下伏笔。

（三）加法

所谓加法,简单地说,就是把任务书中所要求的各个空间一个个地并置累加起来,在平面设计中即表现为把一个个简单的基本几何形并置累加,形成平面。优美的平面需要对平面构成原理和美学规则的深入理解和灵活运用,同时也要符合比例、尺度、模数等基本建筑原则的要求。在空间累加时,设计者可以根据基地条件自由组织;如果可能,也可以依照自己设定的对平面的初步设想,比如十字形或 L 形平面等进行组织。十字形和 L 形平面都便于在平面中不同的翼配置不同的功能空间。通常,十字形平面的别墅是以交通枢纽为十字形的中心,不同性质的空间依各个翼展开,楼梯居中,便于交通空间与各翼的均衡联系,例如瑞文住宅就是十字形平面的很好实例(图 43)。而 L 形平面具有一定的围合感,更适于界定庭院,使建筑与庭院建立良好的相互关系。例如纽豪斯住宅(图 44)。

（四）母题法

在依照加法原理塑造平面时,母题法是一种有效的平面设计方法。所谓母题就是指平面中的某种简单几何形,如三角形、圆

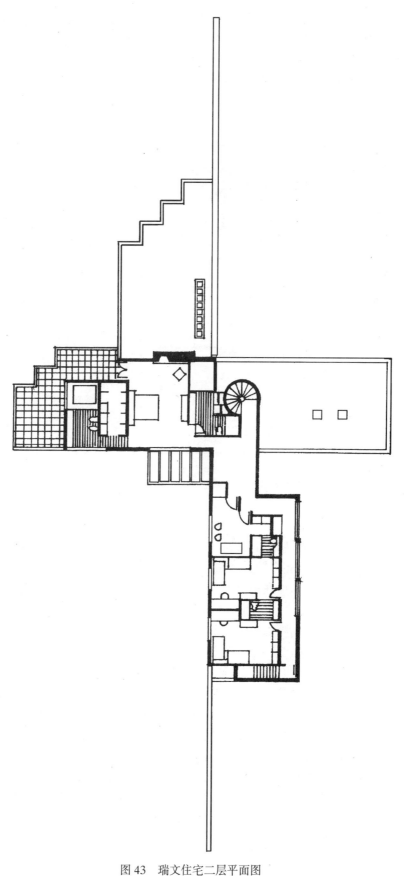

图 43　瑞文住宅二层平面图

27

形、方形等等。建筑平面以多个形状相同或相似(指几何形以同样的比例放大或缩小)的简单几何形(即母题)累加,使平面显示一定统一、秩序及和谐性。需要注意的是,在同一个平面中,不宜使用过多的母题。在别墅设计中,以三角形和六边形为母题,不仅可以使平面统一和谐而且还使空间自由活跃,灵活多变。日本建筑师叶祥荣设计的光中的六柱体(图45)以六个比例逐渐放大的正方形为母题,使平面中具有鲜明的秩序性,而其中一个扭转的正方形又增加了平面的趣味。图46为以三角形为母题的设计。

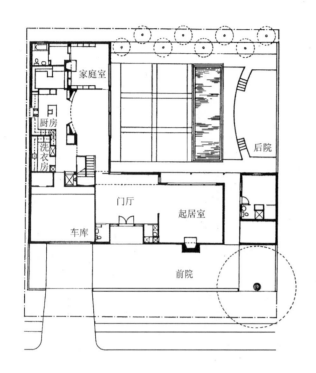

图44 纽豪斯住宅一层平面图   图45 光中的六柱体

(五) 叠合与扭转法

平面的叠合和扭转是初学设计的人较不容易掌握的一种加法手法。所谓叠合和扭转分别是指两个或两个以上的几何形互相穿插叠合在一起;或两个相似的几何形在叠合时,一个几何形扭转一个角度,再与另一个几何形叠合,从而在平面中产生不和谐的冲突和微妙的对比。叠合手法相对简单,只需在几何形叠合时在平面中保持每个几何形各自的形状特征和主要的形态控制因素,使人可能一眼看出平面是若干几何形的叠合,表现出清晰的组织关系。例如葛伯格住宅(图47)。

平面的叠合扭转比较复杂,在平面设计时彼此扭转了一定角度的两个几何形,在彼此不相交的部分,通常独立保持各自的边界和几何形控制点,而在彼此相交的部分,会造成一定的咬合,使两个几何形彼此叠合在一起,相交的部分同时属于两个几何形,因而这一部分中的平面线形会分别呼应不同的几何形,从而平面具有不可预知的空间效果和趣味性。为了使平面构图更加完整,有时会利用露台、踏步、水池、架子等非实体造型元素加强每个几何形的边界及控制线,使穿插和扭转更加鲜明。埃略特住宅(图48)、韦斯特波基特别墅(图49)及艾森曼的住宅Ⅲ号都是这一手法的具体实例。

此外,随着建筑思潮的不断演变,一些反对古典构图原理、反对均质空间、强调建筑空间的模糊和混沌性的别墅作品也不断出现,其表现为平面设计的自由随意、空间组织的矛盾和冲突等等,需要设计者在寻找参考资料时注意。

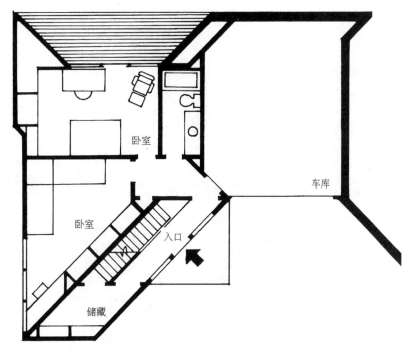

一层平面图

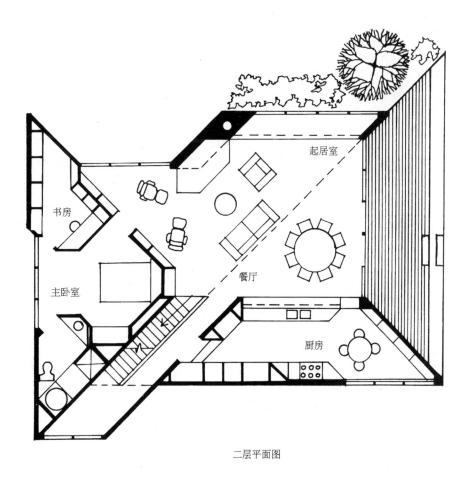

二层平面图

图46 三角形母题

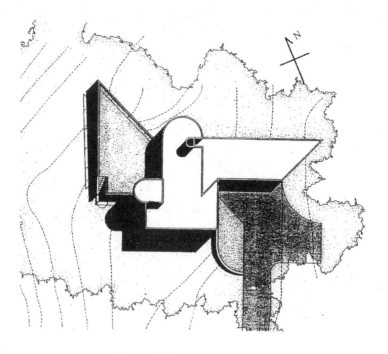

图 47　葛伯格住宅总平面图

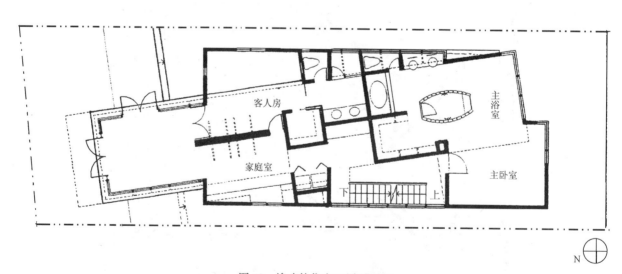

图 48　埃略特住宅二层平面图

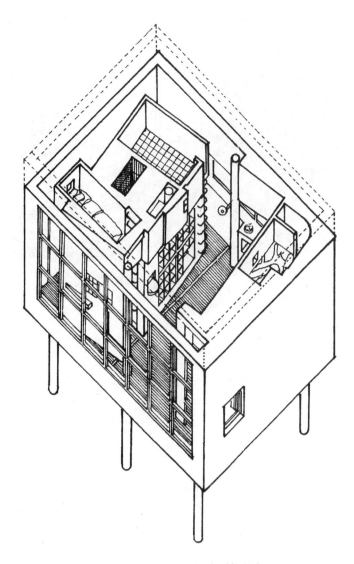

图 49　韦斯特波基特别墅轴测图

第四节　平面设计的一些细部推敲

一、高度的变化

有的居住者喜欢别墅有某些微妙的空间变化,比如通过几步台阶创造房间或不同空间及区域间的高度变化,从而使空间的分区比较模糊(图 50)。我们认为,三级或三级以上的台阶比较安全。因为三级踏步会在视觉上感觉出比较明显的层高变化,而一、二级台阶则空间变化比较细微,容易在使用者不注意时摔伤,发生意外。

二、家具布置

别墅内的家具的作用是为使用者提供方便舒适,并在可能的情况下创造愉悦的视觉感受。作为建筑师必须熟悉各种类型的家具及其不同的布局方式对住宅空间的影响。成功的家具布局能够提高别墅的空间使用价值,同时在塑造空间时不同的家具风格会产生不同的室内风格和效果。许多建筑师同时也是家具设计师,比如赖特设计的别墅中,家具甚至墙面的浮雕、窗玻璃上的花纹都由他亲自设计,而密斯的巴塞罗那椅也给我们留下过深刻的印象。

图 50 下沉的起居空间

　　在别墅平面设计的过程中对不同的使用空间布置家具,可以帮助建筑师更直接全面地了解各个空间的使用情况,从而确定室内空间的使用动线,并有助于确定门和窗的位置和可能的开启方式。例如可以通过家具的布置,检验起居室中是否有过多的开门,影响居住者的使用,是否有足够完整的墙面布置沙发、电视,沙发和电视间的距离是否恰当、舒适等。

　　三、开门的方式

　　通向室外的大门一般由室内开向室外;而在别墅内部,门的开启往往是从走廊开向室内,门打开后可以靠住墙壁或家具。同时,初学设计者必须注意:如果房门位于楼梯的顶端,那么楼梯踏步和房门之间必须留有足够宽度的休息平台,以供使用者回转,而不能用楼梯直接抵到房门。

第四章　别墅的空间组织和表达

依照本书所引导的设计程序,通过对各个基本条件的分析,将别墅的主要组成部分进行了概念性的功能分区,并在此起点上逐一分析别墅的每个组成元素后,使我们对特定基地上,有特定要求的别墅有了比较充分的把握。以此为基础,在前面一章具体分析了别墅平面的设计。然而,建筑是空间的艺术,以合理的交通组织和空间关系把各个元素联系起来,在平面设计的同时推敲空间组织的形式,是别墅平面设计的关键。

第一节　空　　间

一、空间的概念

在进行功能分区和最初的布局时,设计者对平面组织的思考通常是平面的,是为满足设计任务书中的各个面积定额要求所形成的二维平面的思考。而别墅的各个使用空间其实是三维的,立体的。因此我们有必要提出空间的概念,即"体"的概念,把任务书中各个限定面积的功能元素设想成具有长、宽、高的三维实体(图51)。

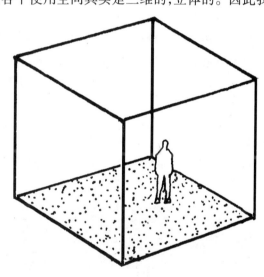

图51　三维空间

举个例子来说,当看到设计任务书中要求门厅面积为 $10m^2$ 时,设计者会首先想到符合这个面积要求的门厅的长和宽,或称为面阔和进深,比如 $1.5m \times 6.3m$、$2.4m \times 4.2m$、$3.3m \times 3.3m$ 等数值,不同的长宽比例会形成不同的空间感受,设计者必须通过仔细的权衡,决定自己认可的合理数值。同时,设计者也要考虑任务书中没有规定的门厅的"高"。不同的高度对空间感受的影响是不同的。在不少设计参考书中都指出,空间的高宽比大于2,将产生神圣的空间感受;高宽比在2与1之间,会形成亲切的空间感受;而高宽比小于1,则容易产生压抑感。当设计者决定别墅门厅的长宽高分别为 $2.4m$、$4.2m$、$3.3m$ 时,门厅就形成了三维的立体——空间。

二、影响空间特征的元素

立体的空间其实就是一个六面体,而围合空间的六个面的形状则具有多种的可能性。对六个面的不同形状的排列组合,可能产生多种多样的空间表现,并进而影响使用者的空间感受。为了近一步分析围合空间的六个面对空间的影响,需要对各个面的形状进行具体的分析。

1. 材料

组成面的材料可能有玻璃、织物、木材、混凝土、石膏板、铝合金板等,不同的材料所塑造的空间结果是不同的。以木材和混凝土为例,木材容易给人质朴、亲切的感受,而混凝土则比较冷峻、严谨。在安藤忠雄的作品中(图52),以光洁的混凝土墙面和墙面上

图52　Kidosaki 住宅室内

33

图 53　雷达住宅室内

精确的模板孔、精致划一的墙面分格塑造空间,表现出沉静内敛的日本气质。其与菲依·琼斯作品(图53)中以粗犷的木装修所表现出的自然情趣大有不同。即便是同一种材料,其个别属性不同,对空间表现力的影响也是不同的,以玻璃为例,毛玻璃、透明玻璃、彩色玻璃以及大块玻璃和小块玻璃,其对使用者空间感的影响会有所不同。因此在塑造空间时,设计者需要对材料准确把握,并对各个面的材料选择应精心考虑。

2．质感

质感指材料的粗糙或细腻、软硬等特征。围合空间的材料质感对空间的限定感有较大的影响。通常质感坚硬、粗糙、不透明、色泽暗的材料,比质感柔软、光滑、透明、明亮的材料空间限定感强。比如,以任何硬质材料搭建的围墙都比以织物做成的布帘给人更强的限定感。另外在创造空间气氛方面,材料的质感也是设计的重点。在粗野主义盛行时,其设计手法之一就是把混凝土墙浇出犹如宽条绒般的纹路,并特意留下模板的钉孔或木头疤痕,以表达其塑造空间所需的特有的肌理和质感。在别墅中,厚重的毛石、未经加工的原木、拉毛的混凝土墙等可以塑造粗犷、质朴的乡野气氛(图54)。

3．色彩

界面的色彩影响着总体的空间感受。浅色的房间比深色的房间显得大些,地面的颜色比屋顶的颜色深,显得房间高些等等。在设计中不同的风格流派也有不同的空间设计色彩,比如在后现代主义的一些设计作品中,房间漆成土黄、粉红、青绿等比较鲜艳、独特的颜色,以表达其设计思想。

4．面上的开口

面上的开口可以是门、窗,也可以是简单的透空。在空间中,开口的大小、位置、形状、数量等将影响空间的特征(图55)。以开窗为例,如窗的下沿高于地板1.2m与开落地窗,其空间效果有很大差别。开口的形状可以是圆形、方形、菱形、扇形等规则图形,或曲折、多边形等不规则图形。在各个面上开口的排列组合不同,产生的空间形式也不一样。同时,各个面上的

图 54　布莱德斯住宅

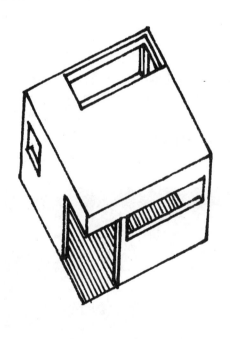

图 55　墙体开洞示意图

开口与建筑的空间限定感以及与建筑中光的表现力的塑造也有着极大的关系,需要大家在设计中仔细研究。

有的作品会特意在意想不到的位置,或采用一个特别形状的开窗,表达自己独特的设计理念。一些别墅作品,为了增加墙面的空灵感、飘逸感,特别在两个面的转折处开一个窄窄的与面等长的窗,引入一束光,模糊了面与面的转折关系,使空间具有一定的虚无感。比如叶祥荣的光中的六柱体中就有这样的处理(图56)。

总之,人们的空间感受是对以上各个因素及空间形状、大小、比例尺度、家具布置、光线设计等等全面综合的反应。在此,我们仍旧以别墅的门厅为例,在屋顶上设天窗与顶棚上安装吊灯,则空间结果迥然不同。即使单单考虑屋顶设天窗,天窗的形状和大小,窗玻璃采用透明玻璃还是磨砂玻璃、彩色玻璃,其塑造的空间结果也是有所不同的。因而设计者需要全面考虑影响空间表现的各个因素,不断地选择和判断,才能完成一个好的空间设计,在这个过程中,参照成功的实例并逐渐积累经验是非常必要的。

图 56　光中的六柱体室内

第二节　空　间　序　列

一、空间序列的概念

在平面组织时,设计者需要把自己设想成别墅的使用者,按照从外部空间到内部空间,从公共空间、半公共空间到半私密空间再到私密空间的顺序,沿着所设计的平面动线,借助大脑的想象力在别墅中“行进”。通过这种模拟中的连续运动,把预想的各个空间联系起来,从而“体味”和模拟感知所设计的空间组织结果。简单地说,在别墅中的行进过程就是空间序列的展开过程。空间序列是随着人在建筑中运动而空间连续展开的过程,空间序列强调了空间与空间的关系,它所表达的是几个连续空间之间的起承转合。空间序列所涉及的不是一个独立的空间,而是一系列空间。组成空间序列的一系列空间需要给使用者以丰富、变化的空间感受。

二、空间序列的设计

空间序列在空间中增加时间的概念,把三维空间拓展到四维,使多个空间在使用者使用的过程中依时间的顺序逐一展开。在从一个空间向另一个空间转化中,需要考虑各个空间的界限和分隔方式;相邻空间之间的彼此引导、暗示、呼应、对比;整个空间序列的起承转合以及空间高潮的塑造等等。空间序列最忌讳呆板单调,一束光线,一段曲墙,几个踏步,一个样式或颜色特别的家具等等都可能增加空间序列的趣味性。同时华丽的门厅与平实的走廊,狭小的过厅与高大开敞的起居室之间的相互对比,相互映衬,也会赋予空间更多的表现力,为使用者提供丰富的空间感受。在别墅的空间序列设计中,通常起居室是序列的高潮,通过在高度、光线、装饰、开敞程度等方面的变化突出其在空间和心理感受上的重要性,并使多个与起居室相连的空间成为它的陪衬。

在这里,我们沿着从室外到起居室的行进过程,对“砖与玻璃住宅”(图57、58)进行空间序列的分析。别墅的主入口设在北面,深深出挑的雨篷在室外界定出别墅的入口空间。进入狭小的门厅,左面的楼梯吸引并引导部分人流向上进入二层。建筑师用一组储物柜挡住人的视线,使人站在门厅不能直接看到起居室,而南面的强烈光线比门厅左面的楼梯更吸引人,暗示着人流的前进方向。当转过储物柜后,人的眼前豁然开朗,一部分空间为两层通高的起居室成为最吸引人的去处,而起居室内单层层高部分对比并衬托出两层层高的部分,以空间的高度暗示出空间布局的重点。由于左面的起居室空间对比丰富、开敞明亮,而使右面通往开敞式餐厅厨房的、相对狭窄的入口很容易被忽视,因此使用者非常自然的就按照设计者预先设计的使用动线进入起居空间。同时在另一条主楼梯边的走廊上,通往起居室的开口大而顺畅,引人前往,而走廊尽端通往卧室的门,则稍稍偏离走廊的中线,卫生间的门更是沿走廊略略退后、有所隐蔽,这两个门都比通往起居室的开口显得次要,不吸引人。在这个实例空间序列展开的过程中,几个空间如门廊、门厅、楼梯间、起居室、餐厅等空间界限清晰明确,每组空间之间有大与小、高与矮、亮与暗等的对比,使空间的主次分明,同时从对比中暗示出人在空间中的行进方向,从而形成了流畅的空间序列。

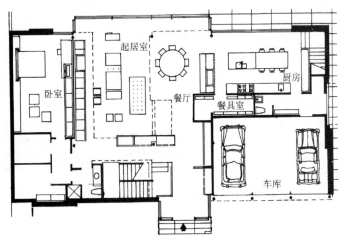

图 57 砖与玻璃住宅一层平面

图 58 砖与玻璃住宅室内

第三节 空间和空间序列的推敲手段

可以借助用来推敲空间和空间序列的手段有很多。其中图解方法、模型方法和电脑方法是比较常用而有效的方法。

一、图解方法

空间的图解分析是最简单、最常用的空间推敲方法。平面图与剖面图结合可以清晰地表达空间序列的设计结果。尤其是剖面图能够直接展示建筑空间的高度和组织,几个空间的高度对比、地面的抬高或降低、屋顶的处理(比如屋顶是平顶还是坡顶以及坡顶的坡度)、顶棚的变化、是否有屋顶采光等都可以在剖面图中直接反映。同时剖面图也可以表达墙面上的开口关系,显示光线的来源和强弱等等。在墨弗西斯事物所的设计中,由于其材料细部多样,空间异常复杂,为了清晰表达设计思想和设计结果,建筑师在平面中画出网格,依照网格把组成网格的每一个横纵线都作为截面画出一个剖面,从而清晰地图示出他们对空间的设计和各种形体的交接关系。例如在布莱德斯住宅中(图59),建筑师竟提供了20多个剖面,使建筑

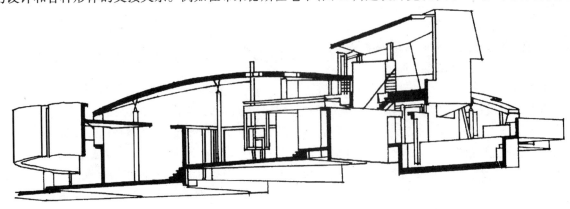

图 59 布莱德斯住宅剖面图

空间在人阅读图纸过程中如同动画般展开。值得一提的是,剖透视图比剖面图更能够清晰表达空间和空间序列,如肯那住宅的剖透视图就生动地表现了交通空间的设计结果(图60)。不少初学建筑设计者对剖面图不够重视,常常在整个建筑设计结束后才为了完成任务书的要求,匆匆补出剖面图,未能充分利用这个推敲空间和空间序列的有效工具十分可惜。

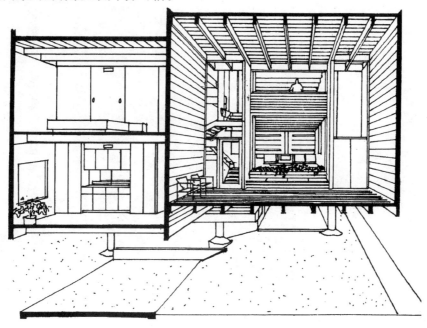

图 60 肯那住宅剖透视图

除了剖面图和剖透视图以外,常用的建筑图解手段还有分析图和透视图。室内透视图可以表达室内空间诸多细节,比如顶棚的形式、地面的铺装、家具的形式、窗帘的色彩等等。另外还可以利用不同的位置和视点分析同一个空间不同角度的空间形态。连续的室内透视图则可以更加生动地表现空间序列的设计结果。不论一点透视还是两点透视,都需要依照透视图的绘制原理求出实际的结果,虽然这样做需要比较多的时间,但运用透视图推敲和表现建筑空间是建筑师的基本功。

二、模型方法

模型方法是最直观、表现力比较强的辅助手段,在设计的过程中随时制作一些工作模型,推敲空间比例尺度、空间关系、建筑造型等等,往往比单纯的图解更加具体生动。工作模型通常称为"草模",顾名思义,模型无需细致的做工,可以比较粗糙简陋,但一定要有合适的比例,以便于对空间的细节及空间组织方式加以推敲。模型的材料通常是硬卡纸板或吹塑板,比较坚挺,易于成型。模型以胶带或快干胶粘合材料,比较容易拆装和修改,比如采用平顶还是坡顶,屋顶的坡度是多少,楼梯的位置和形式,起居室要不要开落地窗等等,都可以通过安装或拆掉模型的某些部分而表达。通过模型使设计者能够直观地体会所构想的空间的实际情形,推敲改进设计方案。

三、电脑辅助

随着现代科学的不断进步,计算机技术为推敲空间和空间序列提供了异常有效的辅助。电脑可以细腻模拟三维空间的具体形式,充分表现材料的色彩、质感、肌理,生动模拟建筑中各种光线对空间的塑造效果。如果将所设计的空间制作成电脑动画,则设计者可以如身临其境地直接体会自己设计的空间和空间序列,从而推敲空间序列是否与设计构想相符。电脑也可以将设计出的结果与基地的现状进行叠合(图61、62),从而模拟建筑建成后的情形,供设计者分析参考。在目前常用的辅助软件为 AutoCAD、3DS、Photoshop 等,熟练地掌握这些软件,有助于设计的思考和表现。必须提出的是,电脑不可能代替人的思考,它只可能把设计者的构思更迅速直接地表现出来。因此初学设计的人必须不断积累设计手法和技巧,而不应该单纯寄托于电脑的辅助。

图 61　电脑将设计结果与基地环境合成的图片(一)

图 62　电脑将设计结果与基地环境合成的图片(二)

第五章 别墅的造型与风格

许多初学设计的人常常是在整个平面设计和空间组织完成之后,才开始思考有关别墅应该是怎样的外观,建筑造型如何等等问题。其实一个成熟的建筑师,对设计作品外观和风格的考虑通常会贯穿于设计的整个过程,在平面组织的同时就预想出其可能的造型和风格,使平面与立面、空间与体量的设计同时交织进行。对于某些特定的建筑风格,其平面设计、空间组织可能会固定于某种特定的模式,因此必须在设计之初就要对建筑风格有个初步的设想,比如日本的"和风"建筑,西班牙风格的别墅等等。总的说来,一个好的造型设计,往往建立在对构成手法、造型原理和形式法则的融会贯通的前提下,以及对风格、样式、特征的多年积累和思考的基础上。对初学者来说,对成功作品的分析和模仿,有助于尽快熟知造型的手法和原理。为便于理解,本书单纯从风格的角度探讨别墅的造型,同时把有关的建筑思潮与流派进行简单的分析。希望通过对古典、现代、自然、高技术等风格以及一些先锋作品中反映的新特征的介绍,为设计者提供造型设计的一些思路。

第一节 现代主义风格

一、现代主义

不论某些建筑先锋人物如何宣布现代主义的"死亡",它仍是当今存在的一类主流的建筑风格。现代主义起源于第一次世界大战后,在 30 年代开始盛行。现代主义强调建筑功能与形式的统一,主张"形式追随功能"。在设计风格上反对过多的装饰,并主张抛开历史上已有的风格和式样,充分使用现代的材料和构筑技术创造符合现代特征的建筑作品。现代主义建筑多采用简单的几何形体为构图元素,以不对称布局,自由灵活,设计中追求非对称的、动态的空间。早期的现代主义作品多为白色、平屋顶、带形窗等特征。现代主义美学观建立于机械美学基础上,并符合古典的建筑形式美的原则,因而现代主义风格的作品符合统一、均衡、比例、尺度、对比、节奏、韵律等美学原理,作品具有简洁、明朗、纯净的审美效果(图 63)。

图 63 库伯住宅

二、晚期现代主义

60 年代以来,随着社会的发展,人们对现代主义的反思也不断出现,批评现代主义割裂了与历史的联系,忽视对传统的继承,建筑空间与形式单调、千篇一律。从 60 年代开始,不少现代派建筑师也在尝试赋予现代主义以新的内涵。晚期现代主义继承了现代主义重视功能和技术的传统,同时在设计中追求富于变化的、多层次的复杂的空间。设计中强调建筑的体形设计,使造型更加多样,同时重视不同建筑材料的对比和表现力,注意建筑光影效果的塑造。晚期现代主义也尝试以现代的手法反映地方文化传统的精神实质,以独特的方式表达对历史的传承。例如砖与玻璃住宅(图64),建于芝加哥的一个历史地段中,建筑完全是现代主义风格,以钢框架和面向庭院的两层玻璃幕墙等现代主义的通用手法与邻里建筑风格明显区别。沿街的立面虽然没有传统细部,但使用了街区所限用的材料如砖石、石灰石等,用偏离中心的黄柱、垂直开启的纵窗等创造了一种"蒙德里安"式的、诗化的几何学立面。

图64　砖与玻璃住宅

美国建筑师里查德·迈耶、瑞士建筑师马里奥·博塔以及日本建筑师安藤忠雄都是晚期现代主义的代表人物。表现在别墅设计中,迈耶的作品(图65)多以白色为主,平屋顶,没有古典的装饰,建筑以分格的混凝土墙、玻璃、钢栏杆为主要材料,简洁明快。作品体形丰富,体块间彼此咬合穿插,装饰性的架子增加了体形的张力,并赋予建筑空灵感。开窗不拘泥于楼层的分割,自由灵活的开窗与实墙面形成丰富的虚实对比。室内空间也自由生动,具有强烈的流动感。博塔和安藤的作品是以简单的体形、有限的几种材料塑造复杂的空间,使建筑具有强烈的雕塑性和地方性。他们二人都尝试运用现代的设计手法,抽象地表现传统的地方风格和文化精髓。安藤忠雄继承了现代建筑的精髓(图66),以混凝土与玻璃为材料,建筑外观简洁而质朴,但空间丰富而生动。他常使用最基本的几何图形——正方和圆作为构图的基本元素,把光作为空间塑造的有效手段,以精炼的手法创造出丰富生动的空间,他的建筑风格纯净内敛,具有极强的日本味。

图65　葛罗塔住宅

图66　Ⅰ住宅

第二节　古典风格

首先说明:为了浅显起见,本书所提出的古典风格表示具有古典造型特征,以古典元素和装饰细节的建筑形式,它既包括不同国家和地区的传统的建筑风格,以及具有各个历史时期特征的建筑形态,也包括后现代主义、新古典主义等与古典风格有关的建筑风格。

一、古典及传统风格的一些特征

西方的古典风格别墅多以希腊、罗马建筑造型与设计细部为基础,以严格的古典构图原理指导设计,建筑形态符合建筑形式美的原则,具有和谐的比例和尺度,形态均衡。反应在造型细部上多引用一些古典的造型符号,例如坡顶、老虎窗、山花、柱子与柱饰、屋角石等等。例如:美国建筑师罗伯特·斯特恩设计的琥珀山庄,建筑造型运用了许多古典的设计符号,如入口处的山花和柱式、复杂的屋顶与老虎窗等,比例准确,造型典雅(图 67)。

图 67　琥珀山庄西北立面图

一些地方传统的建筑风格也有各自明显的特点,比如美国的传统别墅多为木构,以坡顶和横贴的白色木墙板为主要特征,例如"周末别墅Ⅱ"(图 68)就是美国风格的具体实例,其白色的木墙板、坡顶、老虎窗、木花架以及规矩对称的平面等都充斥着鲜明的美国传统风格特征。德国的别墅一般采用坡度较大的屋顶,并在粉刷成白色的外墙上贴褐色木条,木条在墙面上形成漂亮的分格,开窗的位置也统一在这些分格中,增加了立面的秩序性,在转角部位或实墙面比较多的地方增加沿分格对角线方向的斜向木条,木条使建筑的外观具有明显的装饰特征。日本传统的"和风"别墅平面的组织方式比较特殊:以"间"为模数,和室符合摆放整块"塌塌米"的尺寸,空间以推拉门分割和联系,并因而减少走廊,在外观上多以水平线条强调

图 68　周末别墅Ⅱ

与大地的亲和,屋顶的坡度也比较缓,在色彩上多采用素雅的白、黑、灰以及木本色,建筑材料也是木、石及日本纸等自然材料,千里园之家是和风建筑的具体实例(图69)。

图69　千里园之家北立面图

二、与古典风格相关的一些建筑思潮

图70　文丘里父母住宅

1. 后现代主义风格

后现代主义于70年代开始形成,它批判现代主义建筑的单调和缺乏文化传承。在设计风格上强调了装饰性,把不同时期古典的建筑构件和细部夸张、变形,并非逻辑地、随意地并置、拼贴,使建筑中具有传统的、古典的造型元素,但又不是完全的复古。例如文丘里父母住宅(图70),基座上四个巨大而丰满的多立克柱,夸张了古典的符号。纽卡斯尔郡住宅(图71)以当地18世纪的谷仓为原型,按照谷仓的比例和尺度设计别墅,从而暗示乡村的生活与住宅的关系。造型上采用后现代主义的常用手法,以低矮的门廊配合一层半高肥大而且造型夸张的柱子,

图71　纽卡斯尔郡住宅西立面图

柱子的形态是对多立克柱式的大胆变形,屋顶上的巴洛克风格的半月形窗暗示了住宅的尺度。

2．新古典主义风格

与后现代主义相似的是,新古典主义也是运用传统建筑符号和设计语言,把古典的设计元素和构图与现代建筑结合。与后现代主义不同的是,新古典主义在新材料与古典形式的结合中严格遵循古典的构图原则和形式法则,在把新的材料比如玻璃、金属、混凝土等运用于古典形式的过程中顺应尊重传统形式的比例尺度和造型特征。

第三节　自　然　风　格

我们把自然风格的别墅分为两类,一类是自然亲和型,即充分利用自然材料,以亲切的建筑形式表达对自然的顺应;另一类是夸张表现型,即强调自然表现力,造型大胆夸张。

一、自然亲和型

赖特设计的草原住宅是这一风格最初的代表。这类别墅强调了建筑与自然的有机联系及和谐关系,
建筑不再采用与自然对立的姿态及冷冰冰的建筑材料。建筑表现出对自然的尊重和与基地的配合,建筑材料多是自然造物,如木材、毛石、红砖等等。在造型上多使建筑缓缓地向大地展开,显示出强烈的水平方向上的延展,建筑形式自由,构图亲切。西萨·佩里设计的西部住宅以木材与石材为材料,高大的木柱、高耸的页岩烟囱形成的竖直线条与坡屋顶和木板的水平线条相对比,建筑以自然的材质、温暖的色调表现出粗犷和野趣,建筑比例和谐,构图古典。别墅的室内与室外风格一致,室内为展现木材与毛石的天然美感而不再重新装修(图72)。作为赖特的学生,费依·琼斯的作品中也传承了赖特的设计精髓。达文波特

图72　西部住宅

住宅如同一个木构的雕塑掩映在葱郁的密林中,一对高耸的中心木塔吊挂屋顶相交的椽子,双塔之间外露的椽子布置成剪刀状,并形成大天窗。在平面和体形处理中,运用三角形为母题,从柱、梁到小尺度的构件和家具均以三角形为基本构成形态,造型丰富,用材质朴(图73)。

二、夸张表现型

受到多元文化思潮以及波普艺术的影响,近年来逐渐出现了一种以模仿自然界复杂、随意的形态,夸张地表现建筑生物性一面的建筑形式。它强调建筑的表现性,建筑在拟态生物形态或自然形态的过程中,不遵循任何法则地、随意地使用各种天然材料,如石材、木材、土坯等,并保持材料的原本特征和性质,有的作品中还会用通常很少使用的废料(比如鱼网、旧塑料等)。例如巴特·普林斯为他父母设计的普林斯住宅(图74),继承了布鲁斯·高夫自然主义风格,在建筑中融入了生物形态的表现手法,使设计具有雕塑感和几何性以及鲜明的个性。住宅由三个相互重叠的圆组成,屹立于山坡之上,并俯瞰前面开阔的山谷。建筑底部用钢柱支撑蘑菇状的屋顶,形态与自然十分和谐。建筑风格、色彩和材料的选用部分来自对美国南方建筑以及印第安人的传统建筑的借鉴和继承。平面为了顺应基地上生长了多年的大柳树和露出地面的花岗岩而挪让和旋转,希望以此达到建筑融入自然之中的境界。

图 73　达文波特住宅

图 74　普林斯住宅

第四节　高技术风格

一、技术表现与别墅造型

图 75　公园路住宅

在别墅造型设计中符合机器美学原理,表现现代材料和高技术魅力的一类造型风格被称为"高技派"风格。其主要的特点是充分表现现代技术的能力,在建筑中暴露结构、不加掩饰地袒露各种管道和设备,并以之作为一种新的装饰构件。钢丝、钢管和钢丝网、悬索、膜、螺丝钉以及制冷压缩机等设备,水暖电各种管道等等都成为建筑造型材料。各种材料的装配工艺精致准确,同时高技派的建筑色彩通常比较鲜艳,一般采用高亮度的颜色或原色。比如公园路住宅(图75),是穿着铝外衣的三层红砖楼房,红砖与钢铁和铝网形成鲜明的对比,使外观具有高技派特征和现代艺术气息。两个巨大的钢构架染成红色,外观像工业机械。面向庭院的一侧以轻型框架填充铝板和玻璃窗,相对开敞。入口的标志是一个钢架桥,富有戏剧性。建筑材料精良,节点、细部设计精心。

二、智能建筑

高科技的发展使我们的生活越来越舒适轻松,居住与技术的关系也日益密切,高新技术与别墅设计的结合而演变出的智能别墅是当今技术进步的成果。所谓智能别墅就是别墅中采用设计完备的各种技术设备,可以按照居住者的生活习惯和需要自动地、智能地及时提供各种服务。比如别墅中的自动控温控湿、近远程安全防卫监控、电器设备的自动设定开启以及别墅中设备与计算机网络的自动联系等等。例如英国的希望住宅中的光敏外部百叶窗为了防止室内过热,排气口会自动打开,内部排气窗也会根据室内的温度变化自动打开或关闭,表现出一定的智能建筑的特征(图76)。

图76　希望住宅

三、生态建筑

随着"可持续发展"概念的深入人心,保护环境,节约自然资源,具有一定生态效用的别墅也逐渐出现,其表现为开发如风力、太阳能等可利用的能源,自给自足地提供别墅所需的能量,并同时在建筑中使用再循环技术,使建筑物不依赖公共设施。这类别墅通常有许多设备,如太阳能接收器、风力发电设备等,成为造型元素,从而使建筑更具有机器的某些特征。如斯蒂文·约翰逊设计的森林别墅(图77),设计理念来自生态建筑观。别墅以完善的动态系统提供能量、热量和废弃物净化,使用者能够在自给自足的状态中自由地生活和工作。别墅建成后无需额外的能量输入,同时也不产生有害的废弃物。建筑以基地内产的木材构筑,不再使用时可以拆除并自然分解,达到极高的环保效果。别墅坐落于森林之中,通过高架可以眺望周围的景观,同时下面的土地还可供耕种。电力由屋顶上的风车产生,其位置比树高得多。废水被注入挂在外部结构上的袋子里,固体垃圾打碎后放在房下的篮子里。这些废物逐渐被分解成为粉状肥料,用于滋养沿主体结构之下南面的一系列小温室中的植物。雨水被屋顶的容器收集,(既流入较高的容器也注入较低的水槽),当室内空气过于干燥时,水会随风注入室内。别墅也运用了一些高科技设施,例如下午时建筑的保护门会打开,使阳光照入室内。如果建筑过热,百叶窗会自动打开,使冷空气进入屋内。如果温度不能忍受,门会关紧,完全阻隔阳光,不再吸收太阳能等。

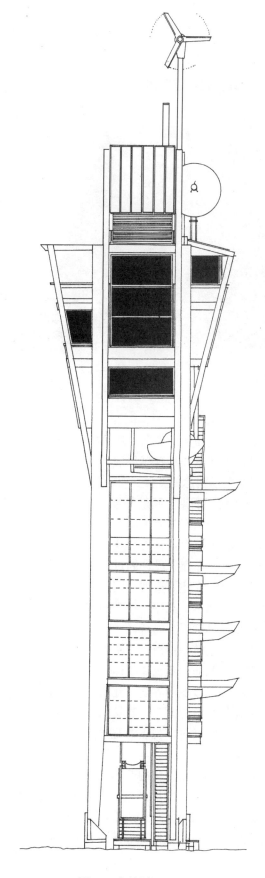

图77　森林别墅立面图

45

第五节 从一些先锋作品表现出的设计趋势

一、计算机与造型技术

图78 盖特住宅

随着计算机运算速度的不断加快,在计算机的辅助下,建筑师创造各种复杂体形,如曲面、扭转、不规则以及体块互相穿插等比较随意的建筑形态的难度大大降低。计算机可以帮助建筑师将想象中的造型实体化、模型化,同时将各种细节的交界和咬合做出准确的图解,由此建筑设计造型也不断丰富。据说盖里、艾森曼等一些建筑师还要使用制造战斗机的软件,以求便于设计图纸和模型无法表达的异常复杂的形体。技术的辅助使人的想像力展开了翅膀,为创造复杂的、多样化的建筑造型提供了必要的技术基础。在别墅设计中,曲折、穿插、扭转等不规则的造型在近年也不断出现。多年以来一直领导或紧跟建筑最新潮流的美国建筑师菲利普·约翰逊在90多岁时设计的盖特住宅(图78),也尝试用最新的时髦形式和手法建造雕塑般的建筑。他说设计这个住宅的主要目的是检验自己非直角、非垂直设计的新的设计手法和设计理念。建筑外墙由预制钢丝网在现场立体塑造、剪切、弯曲形成预定形态的曲面板,使建筑体形随意并具有雕塑性。

二、美学观念的变异

80年代中后期,建筑领域逐渐涌现出一种新的设计潮流,这种潮流的建筑作品不再以古典美学完整、统一、和谐作为艺术创作的准则,相反,它推崇不完整、不和谐的美学观念,一些专家将其概括为"丑就是美"。符合这种美学观念的建筑作品突破传统的建筑形式和形式美的原则,以及完整统一、严谨的构图法则,在建筑设计的过程中排斥逻辑性,宣扬主观随意性,并强调在建筑中显示叛逆性和异端性。这种思潮在建筑造型上则表现为形体的扭曲、错位、变形、怪诞的交叉。在建筑空间组织上表现为多个要素间偶然、无序、松散的并置,以及杂乱、复杂的联系。被称为"自由风格派"的墨弗西斯事物所的作品就具有以上的特征,以布莱德斯住宅为例(图79),住宅与环境完全割离,在造型上弯曲的混凝土屋顶从建筑中伸出,使室内与室外没有明显的界限,建筑的内部空间也相互穿透。建筑的体形处理自由多变,既非片断也非整体。克劳福特住宅通过材料的变化形成多层次的空间(图80),并在设计中模糊内外空间领域的界限。建筑以重复出现的构件有节奏地创造出不同的形态,通过虚实空间的相互作用迫使体形具有分散感,建筑用许多独立的体块和一系列构件片断加强了这种分散的感觉。建筑没有正立面,而必须通过多视点的观察才能体会建筑的总体形象。在建筑的室内空间有多重的向度和多样的变化。

总之,建筑是文化的载体,其艺术属性决定了它必然受到文化思潮的影响。人类对哲学、艺术、文化的思考都会在建筑形式上留下烙印,在文化思潮和艺术流派多元化的当今社会,建筑也表现出多元性,建筑造型纷繁复杂,风格流派不断更替。近年来的别墅造型风格呈多元性,现代风格、古典风格、自然风格、高技术风格等等兼而有之,同时一些先锋作品也不断探索新的造型风格和手法,新风格不断涌现。

图 79　布莱德斯住宅

图 80　克劳福特住宅

实 例

一、古 典 风 格

1. 琥珀山庄

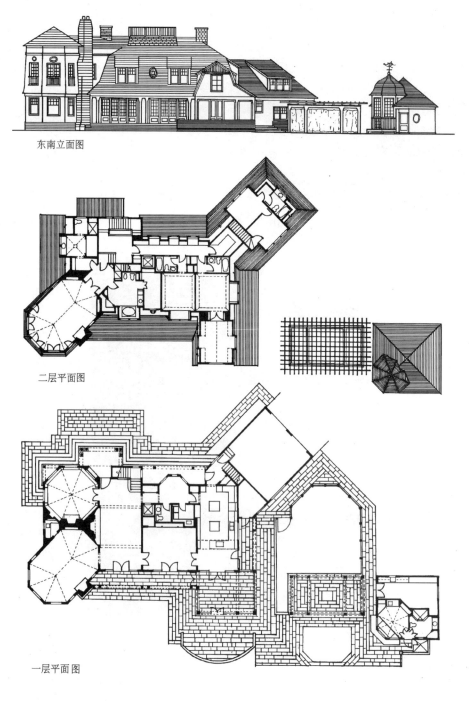

东南立面图

二层平面图

一层平面图

琥珀山庄近景(彩图 2)

琥珀山庄　Sunstone
1987 年　美国纽约
　　建筑师为美国建筑师罗伯特·斯特恩,他的作品以古典风格见长。建筑是一座两层的古典风格住宅,外观以大坡顶与各种形式的老虎窗形成丰富的轮廓线。入口立面结合了具有乡土风格的复式斜屋顶以及古典入口门廊,并配以帕拉第奥式的楼梯顶窗,风格突出。建筑的西南角是起居室和三个卧室,可以俯瞰辛尼克罗克湾的优美风景(彩图 1、彩图 2)。

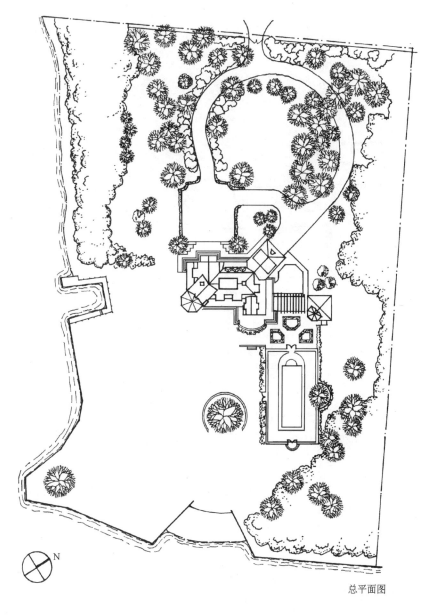

总平面图

西北立面图

49

2．长岛住宅

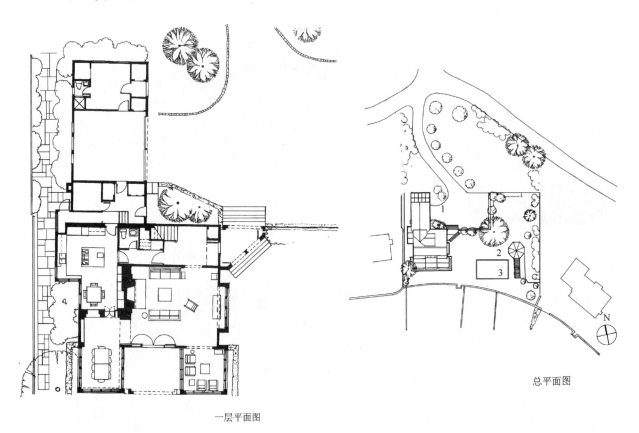

一层平面图

总平面图

二层平面图

三层平面图

1—住宅；2—更衣室；3—游泳池

南立面图

住宅南向外景(彩图 3)

北立面图

长岛住宅 House on Long Island Sound 1985年 美国 康涅狄格州

它由新古典主义建筑师 A·M·斯特恩设计,是一个替新房主对旧住宅进行的修改和扩建的项目。住宅位于长岛的北岸,新房主是一对有成年儿女的夫妇,而且客人很多,经常开晚会。住宅建筑面积为 300m²,是美国木构建筑风格,形态丰富而细腻。在立面处理上,把漆过的雪松披叠板包在新结构的外面,使其与旧建筑在色彩、质感和肌理上均有所区别(彩图 3、彩图 4)。

东立面图

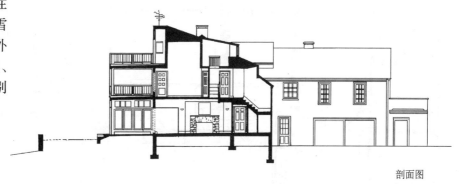

剖面图

3．波特斯维尔住宅

北立面图

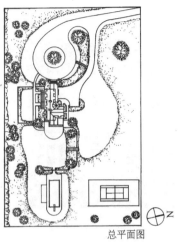

总平面图

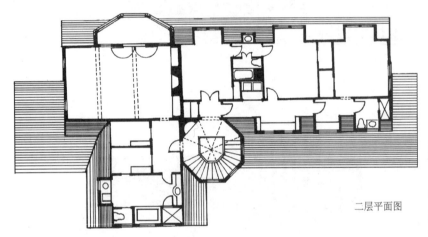

二层平面图

波特斯维尔住宅　1989
美国新泽西州

住宅位于新泽西州的乡野中,基地南低北高。建筑造型的基本元素是一系列的盔顶造型及一个多边形的楼梯塔。设计的细部表现了鲜明的古典风格。住宅的入口在西面,从而使住宅内的房间都可看到南北面的优美景观,不足之处就是入口所在的立面比较短。住宅的前厅布置出一个小舞台,供家庭音乐会之用,观众可以坐在起居室中。住宅的主要起居空间集中于一层,二层全部为卧室空间。

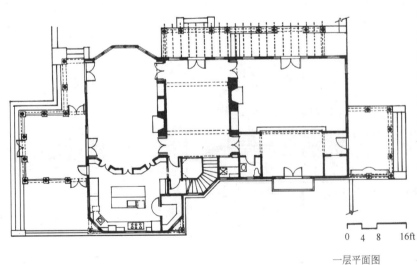

```
0  4  8      16ft
```

一层平面图

4．集合住宅

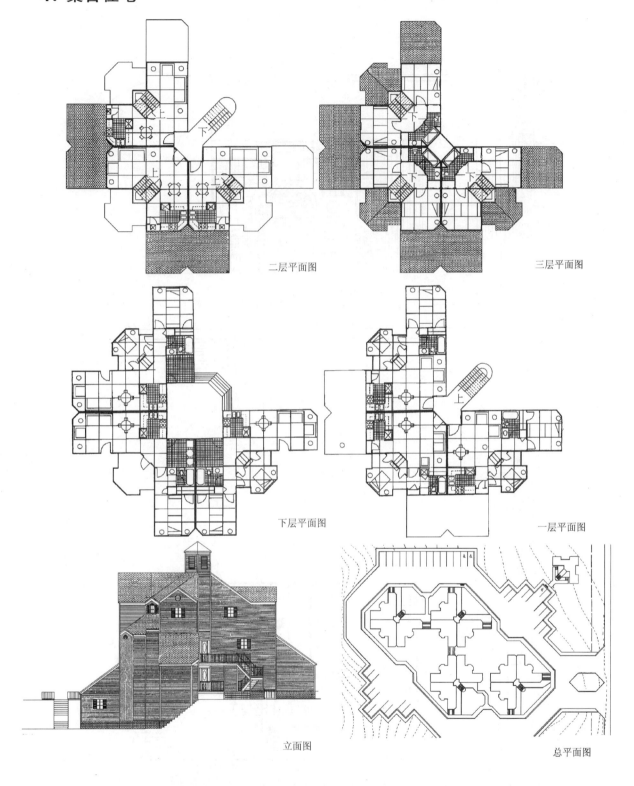

二层平面图　　　　　　三层平面图

下层平面图　　　　　　一层平面图

立面图　　　　　　　　总平面图

集合住宅　美国阿肯色州

基地原先是农场,位于一个乡村社区之中,这组建筑为2、3层,由37套单元式住宅组成。基地相邻的建筑是安尼女王风格的维多利亚式建筑。本组建筑在造型上,以属于乡村的风格和尺度作为设计的出发点,通过运用多变的坡顶和木檐板的外墙,以及具有历史感的色彩,使建筑的外观具有本地区的某些古典风格特征。建筑平面以3.6m×3.6m的平面网格组织平面,形成明确的秩序感和尺度感(彩图5、彩图6)。

5．文丘里父母住宅

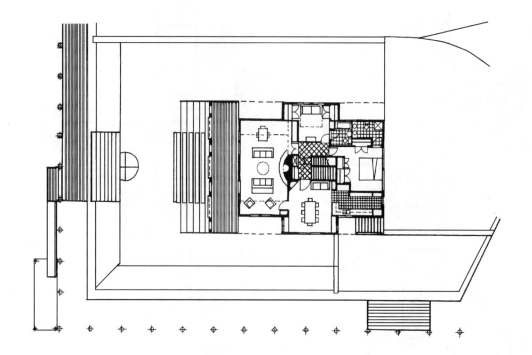

二层平面图

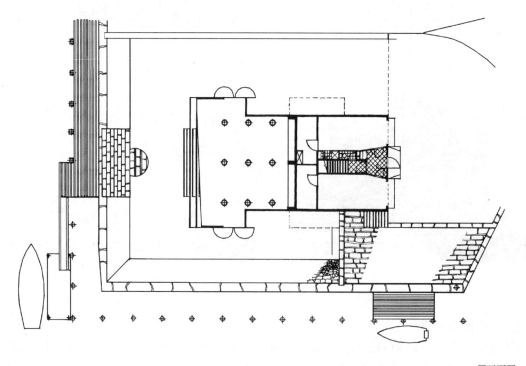

一层平面图

54

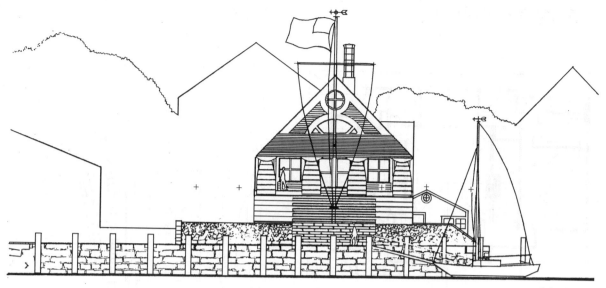

南立面图

北立面图

住宅外景(彩图8)

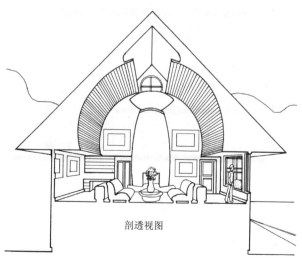

剖透视图

文丘里父母住宅　美国长岛

　　这是文丘里为父母设计的住宅,文丘里的父亲是声、光学专家,精于剧场设计,这个住宅是父子分别作为工程师和建筑师合作的结晶。住宅建于长岛风景如画的历史地段。建筑具有鲜明的后现代主义风格,南面面水而建,在大大的基座上,四个巨大而丰满的多立克柱,夸张了古典建筑符号;北面屋顶上大尺度的有轮幅的船轮成为明显的形象标志。起居室内9m多高的巨大的绿色壁炉成为室内的视觉中心,使住宅无论室内外都具有强烈的卡通特征。父亲为住宅所作的声学设计使建筑具有音乐厅一样的声学效果(彩图7、彩图8)。

6. 纽卡斯尔郡住宅

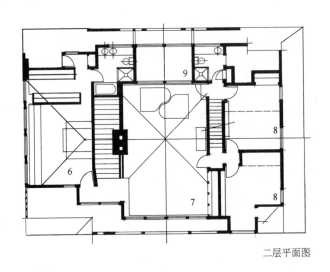

二层平面图

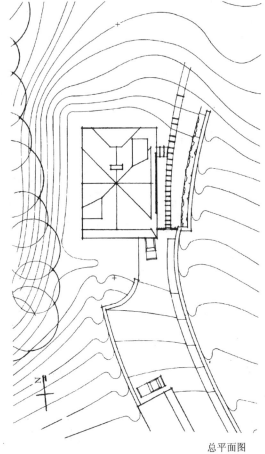

总平面图

1—入口　　4—起居室　　7—家庭室
2—餐厅　　5—客房　　　8—卧室
3—厨房　　6—主卧室　　9—餐厅上空

一层平面图

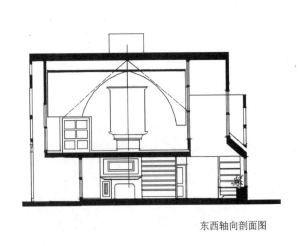

东西轴向剖面图

56

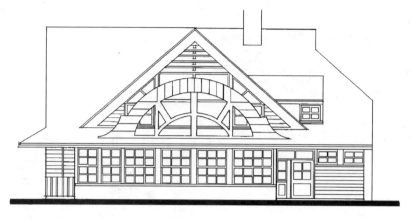

东立面图

住宅外景(彩图9)

纽卡斯尔郡住宅 House in New Castle County 美国德拉维尔

住宅由文丘里夫妇设计。住宅的业主是一个三口之家,妻子是音乐家,需要提供演奏用的空间以容纳风琴、钢琴及大键琴。主人家庭共同的爱好是观鸟,因而住宅需要面向森林的大窗子。丈夫需要在上层提供给他学习空间,儿子则需要一个套房。基地的西面是山谷,北面是森林。住宅是后现代主义的代表作,设计的灵感来自当地18世纪的谷仓,以它为原型,提供了一种基本的尺度和水平的比例特征,并暗示乡村的生活背景引入住宅中。造型上的基本手法是以低矮的门廊配合一层半高肥大而且造型夸张的柱子,柱子的形态源于对多立克柱式的大胆变形,屋顶上的巴洛克风格的半月形窗暗示了住宅的尺度,并加强了远观的效果。住宅的平面依对称的轴线设计,入口偏离轴线(彩图9、彩图10)。

西立面图

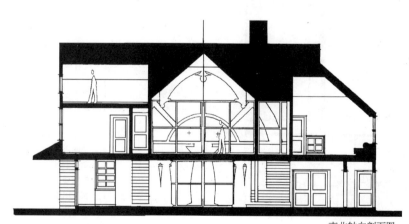

南北轴向剖面图

7. 康阔多住宅

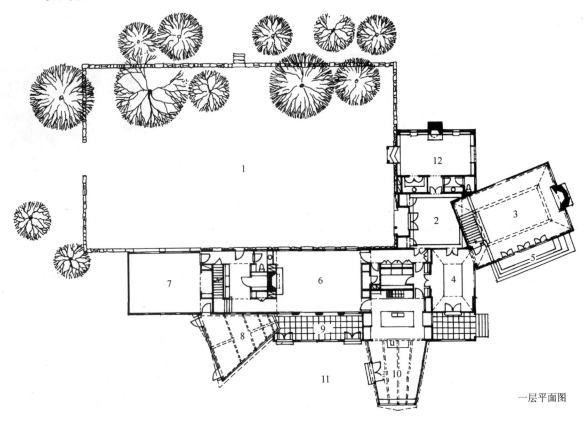

一层平面图

康阔多住宅　Concordo House　美国马萨诸塞州

由 Rodolfo Machado 和 Jorge Sivetti 设计。基地 5.2 公顷,林木茂密,地形复杂。业主是一个年轻的四口之家,建筑以 L 形平面布局,同时结合院墙围合成强烈的矩形院落。住宅的三个辅助部分从建筑主体中伸出,并与院子相背,使体形在规整中有变化。建筑基本为木构,采用新英格兰住宅的传统材料,室内设计了不同的层高,以期形成多样的空间尺度和性格(彩图 11、彩图 12)。

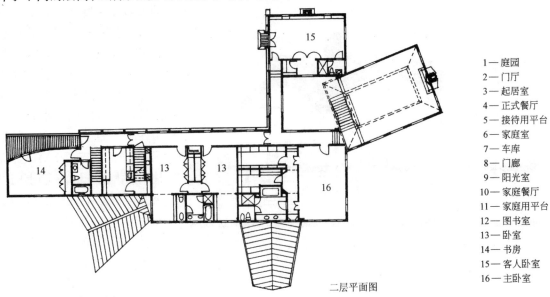

二层平面图

1—庭园
2—门厅
3—起居室
4—正式餐厅
5—接待用平台
6—家庭室
7—车库
8—门廊
9—阳光室
10—家庭餐厅
11—家庭用平台
12—图书室
13—卧室
14—书房
15—客人卧室
16—主卧室

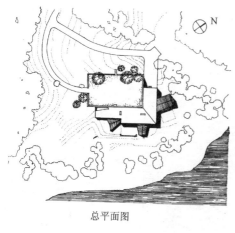

总平面图

住宅外景(彩图11)

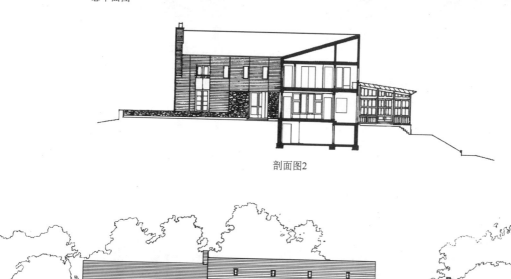

剖面图2

东立面图

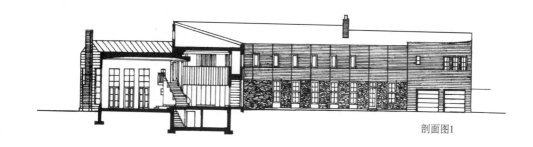

剖面图1

8．欧森住宅

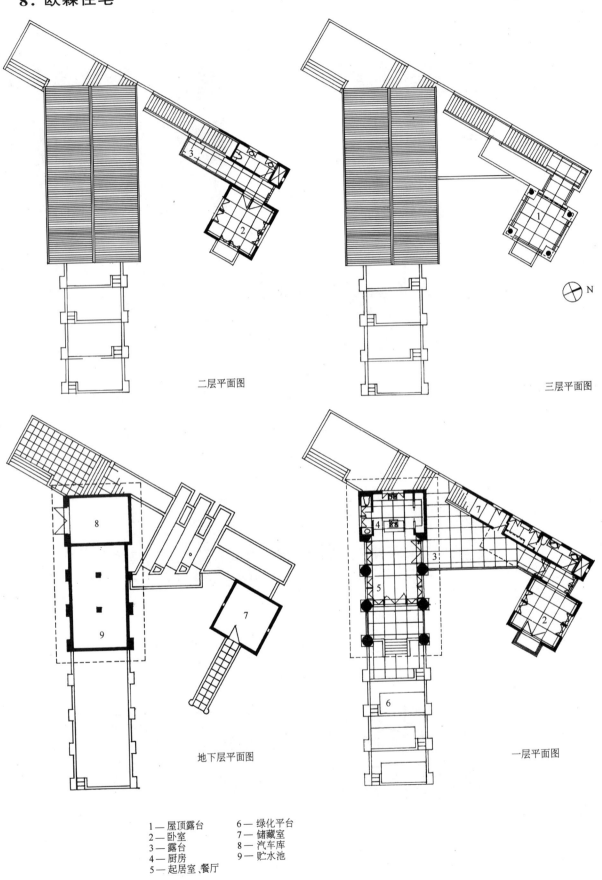

二层平面图

三层平面图

地下层平面图

一层平面图

1— 屋顶露台   6— 绿化平台
2— 卧室   7— 储藏室
3— 露台   8— 汽车库
4— 厨房   9— 贮水池
5— 起居室、餐厅

欧森住宅　Olson House　西印度群岛

Taft 建筑事务所设计。别墅是为一对有成年儿女的夫妇所建的度假之地,基地位于西印度群岛乃韦斯岛的陡坡上,建筑面积约 93m²。建筑的公共空间和私密空间分别被置入两个独立的体量之中:凉亭部分是起居室、厨房等可供交往的空间;塔楼中是卧室。连接二者的空廊和平台中包括了部分的服务空间。建筑具有鲜明的热带风格,空间通透、色彩艳丽、细部丰富,体态空灵(彩图 13～彩图 15)。

室外楼梯(彩图 13)

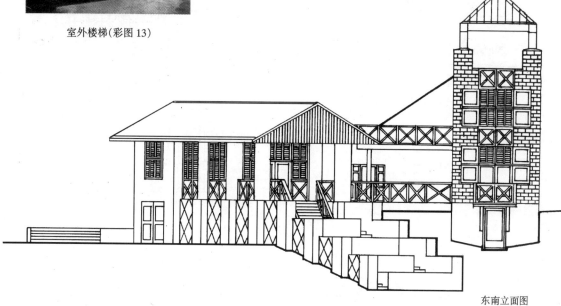

东南立面图

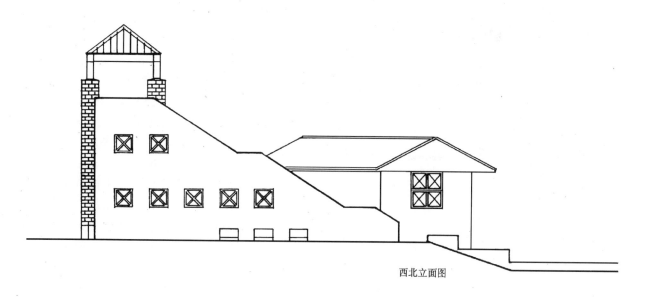

西北立面图

9．安德森住宅

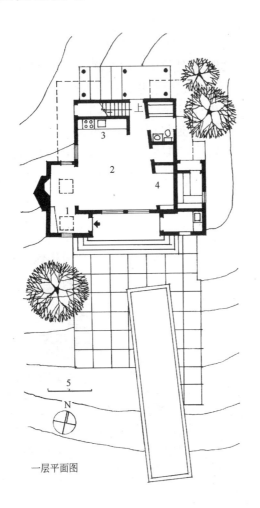

一层平面图

三层平面图

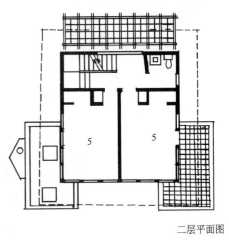

二层平面图

剖面图

1 — 入口 　　　4 — 储藏室
2 — 起居室/餐厅　5 — 卧室
3 — 厨房 　　　6 — 阁楼

安德森住宅　Anderson House　美国加利福尼亚州

　　建筑师为罗斯·安德森(Ross Anderson)。这是他为父母所设计的小别墅。基地位于面向加州纳帕谷的陡坡上,周围林木茂密,建筑面积 140m²。建筑体形简洁:金字塔形的四坡顶覆在方盒子上,三角形的天窗从屋顶中伸出。这种简洁所赋予建筑地标般的整体特征,远远看去性格突出、古朴典雅。建筑平面比较方正,一条由室内延伸到游泳池的斜线打破了平面的呆板。建筑厚重的混凝土墙如同从岩石里长出,它和游泳池分别在森林着火时被建筑师设计为防火墙和消防水池(彩图 16、彩图 17)。

10．阿姆斯特丹住宅

立面图

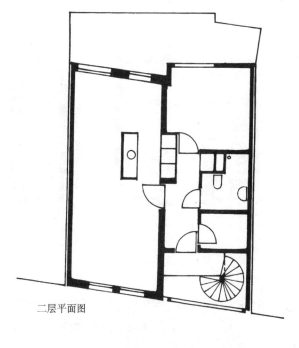

二层平面图

夜景(彩图18)

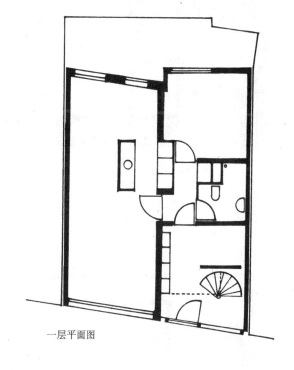

一层平面图

　　阿姆斯特丹住宅　House in Amsterdam　荷兰阿姆斯特丹

　　住宅位于阿姆斯特丹哈勒姆居住区内,基地是多年城市兴建所余建筑间的缝隙,缝宽3.5m,旁边是一座古典风格的老建筑。业主要求新建部分与老建筑接为一体。设计的结果是使每层成为一套住宅,起居室和厨房在老建筑中,卧室在新建部分中。建筑外观新颖别致,新建部分完全采用现代主义风格,建筑材料以大片玻璃幕墙为主,别具一格的是通过透明玻璃与磨砂玻璃的有机构成形成丰富的光影和对比。老建筑仍是古典面孔,新老建筑并置一处相互映衬(彩图18)。

11．汉森住宅

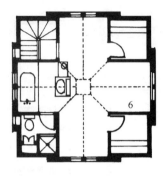

三层平面图

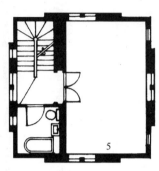

二层平面图

住宅外景(彩图19)

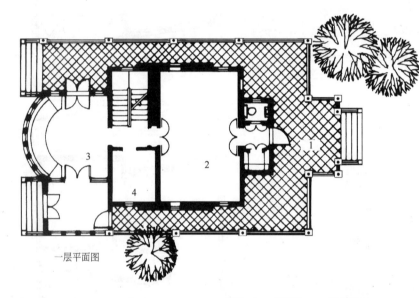

一层平面图

1—外廊；2—起居室；3—阳光室；
4—厨房；5—卧室；6—主卧室

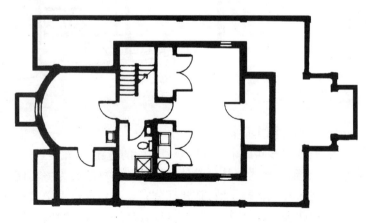

地下层平面图

汉森住宅 Hansen House 美国芝加哥

建筑师为哈蒙德·比比和巴卡(Hammond Beeby&Babka)。基地位于芝加哥郊区，基地面积不大，只有800多平方米。建筑面积仅140m²，而业主却要求建筑物看起来比实际要大，并与邻里的四层建筑体量相一致，这给建筑师出了难题。建筑每层仅设两个房间，在垂直方向摞成三层，并通过烟筒再提高垂直高度；同时在一层设敞廊，以增加建筑的水平宽度，使建筑的比例协调。建筑具有明显的古典风格(彩图19、彩图20)。

12. 周末别墅 I

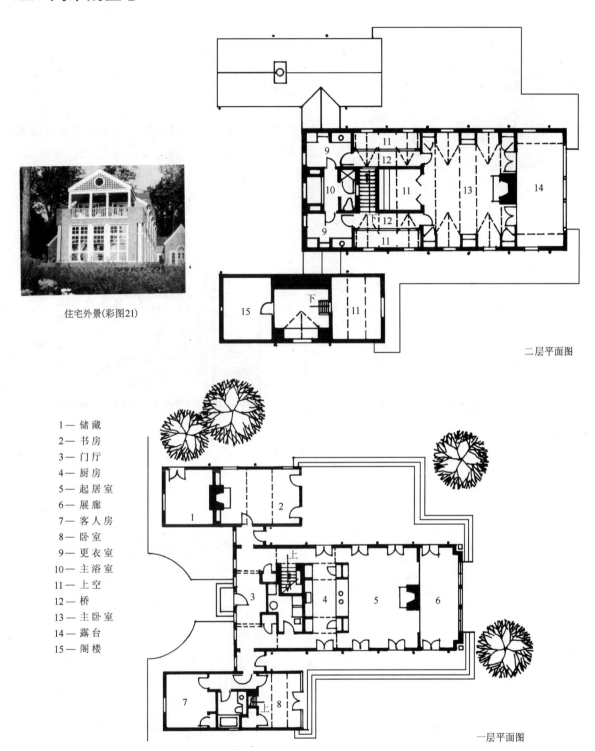

住宅外景(彩图21)

1— 储藏
2— 书房
3— 门厅
4— 厨房
5— 起居室
6— 展廊
7— 客人房
8— 卧室
9— 更衣室
10— 主浴室
11— 上空
12— 桥
13— 主卧室
14— 露台
15— 阁楼

二层平面图

一层平面图

周末别墅　I Weekend House　美国马里兰州

基地面积1.6公顷,业主是华盛顿邮报的记者和作家,业主要求住宅可供周末在此生活的使用功能——起居空间、厨房、一个带卫生间的卧室,以及工作室和两个客房。建筑师在设计中以鲜明的地方风格及建筑形态与业主的使用功能结合,在建筑平面的处理上,采用了东海岸通常使用的平面形式。住宅的主体是主人的周末生活起居空间,北翼是工作空间,南翼是客房空间,三部分可以独立供热和制冷。建筑面积280m²(彩图21)。

13．周末别墅 Ⅱ

别墅外景(彩图 22)

周末别墅　Ⅱ Weekend Cottage near Chicago　美国芝加哥

建筑师为马格丽特·迈克卡利。基地位于芝加哥附近的森林与草场上,建筑是缩微的美国风格的混合体,无论建筑形式与材料的选用,还是建筑的布局都来自传统的美国乡村风格,白色的木墙板、坡顶与老虎窗、木花架,以及规矩对称的平面都充斥着鲜明的传统美国小住宅的特色(彩图 22)。

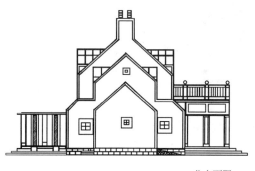

北立面图

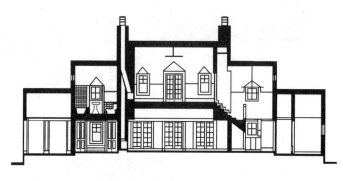

剖面图

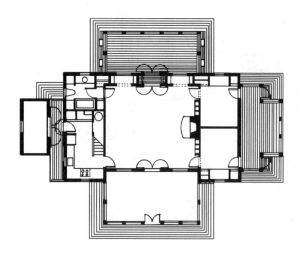

一层平面图

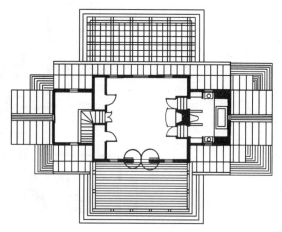

二层平面图

东立面图

西立面图

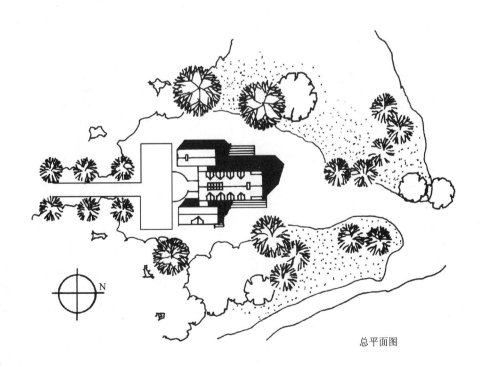

总平面图

N

67

14. 黑木之家

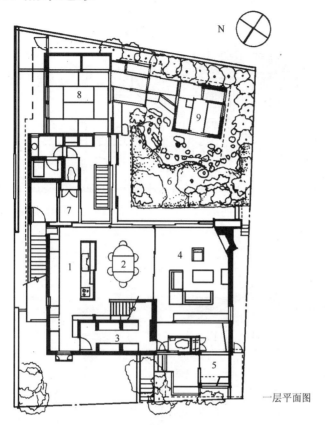

N

一层平面图

1—厨 房
2—餐 厅
3—贮 藏 室
4—起 居 室
5—入 口
6—庭 院
7—后 门
8—和 室
9—茶 道 室
10—车 库
11—书 库
12—书 房
13—酒 窖
14—儿 童 室
15—卧 室
16—露 台

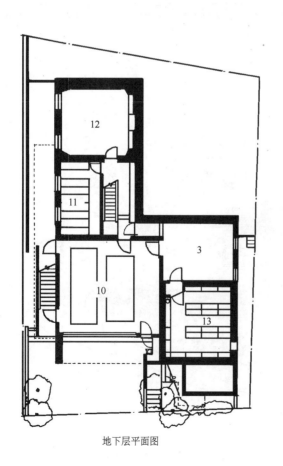

地下层平面图

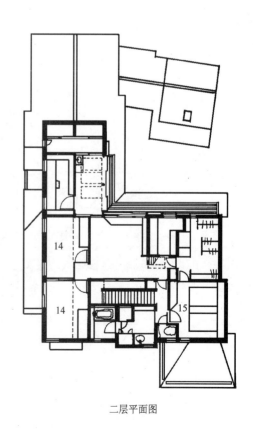

二层平面图

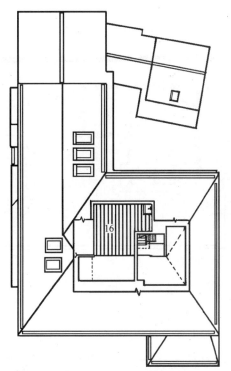

屋顶/阁楼层平面图

黑木之家　House in Meguro　日本东京
　　由横内敏人建筑设计事物所设计。住宅位于东京市中心，为了避开都市的喧嚣，创造世外桃源的意境，建筑围绕中心的庭院以 U 形布局，庭院的一侧建以和风建筑，作为茶室与和室，古朴优雅的建筑与庭院相互映衬(彩图 23、彩图 24)。

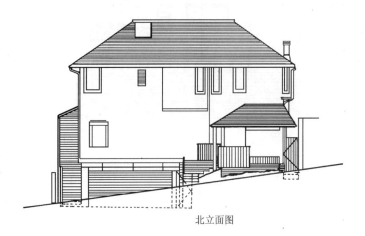

北立面图

和室(彩图 24)

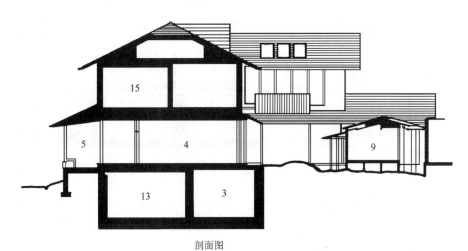

剖面图

15．C 住宅

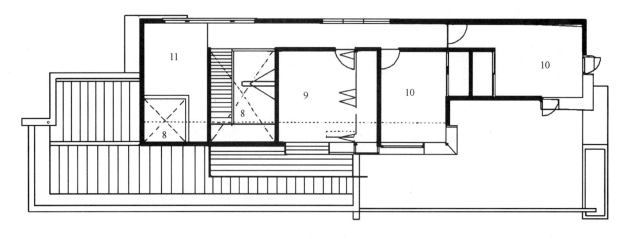

二层平面图

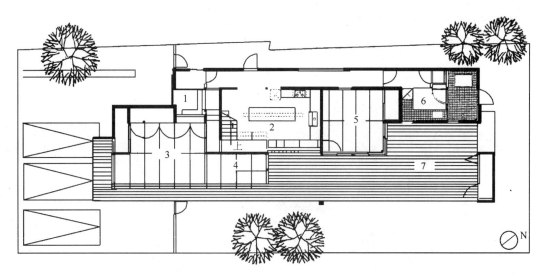

一层平面图

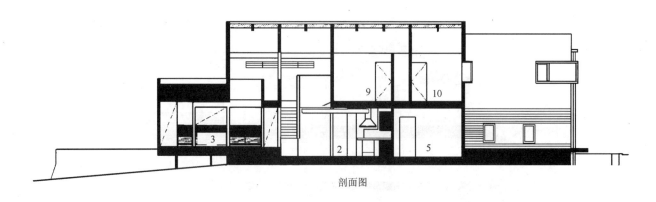

剖面图

1—入口;2—厨房/餐厅;3—起居室;4—客房;5—和室;
6—设备间;7—木平台;8—上空;9—主卧室;10—卧室;11—储藏室

70

平台外景(彩图25)

C住宅　C-House　1996年　日本仙台

　　建筑师是阿部仁史。住宅是为一个三代的六口之家设计,基地位于仙台市区的一个向南的缓坡上,基地沿东西向展开,形状长而窄,北面的三分之一处于日本建筑法规中限定的"易火区",北墙必须采用防火墙,白色的防火墙给予建筑以最大限度的私密性。建筑风格以和风为主,除了防火墙以外,所有的墙体都采用和式的推拉墙。在造型上实墙与木隔栅形成虚与实的对比,在色彩上,二者一黑一白,相辅相成(彩图25~彩图27)。

东立面图

西立面图

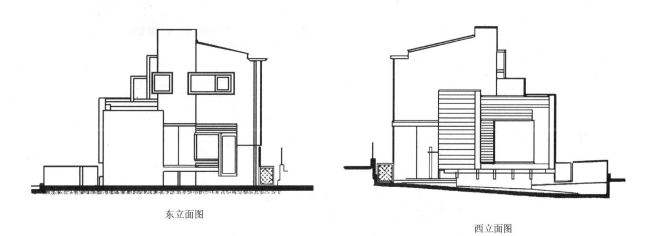

南立面图

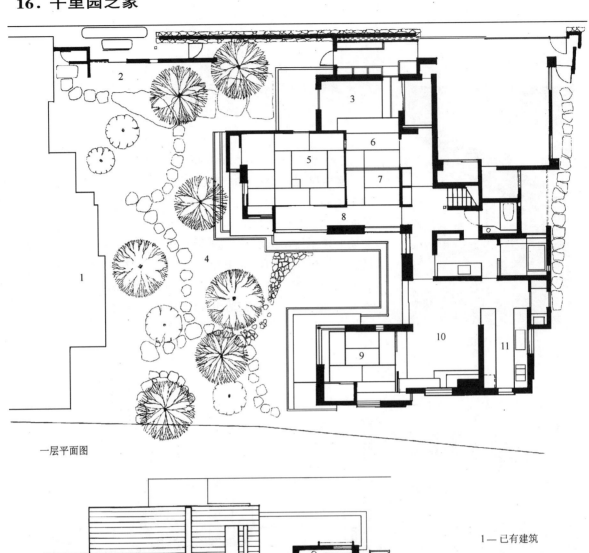

一层平面图

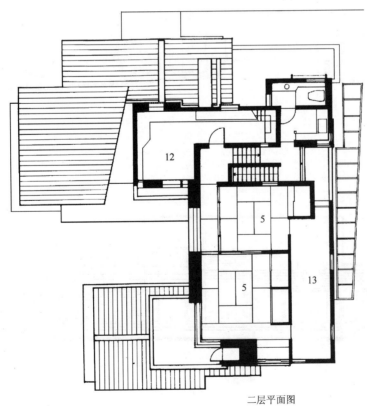

二层平面图

1— 已有建筑

2— 大门

3— 入口

4— 庭院

5— 和室

6— 门厅

7— 接待室

8— 走廊

9— 日式卧室

10— 家庭室(餐厅)

11— 厨房

12— 卧室

13— 储藏室

千里园之家 House at Senrien 1993 年 日本

建筑师为竹原义二。基地位于日本丰中市的一个安静的街区,周围是葱郁的树林和毛石。为了避免对树林的任何视线遮挡,首先沿基地路边建一毛石墙以平衡视觉景观,并以门和墙限定了建筑的室外空间。建筑风格从日本传统的精致的数寄屋发展而来,并选用自然的材料如木、石、涂料和日本纸,并在建筑细部上回归传统,使建筑具有浓郁的和风。建筑平面依照日本传统以"间"为模数,并围绕庭院以 U 形布局,室内外空间联系流畅。基地面积 478m^2,建筑面积 230m^2。

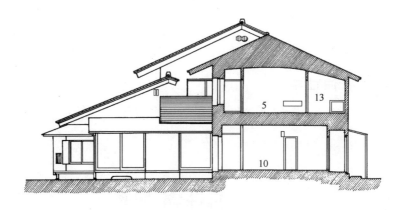

剖面图

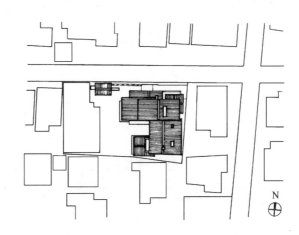

总平面图

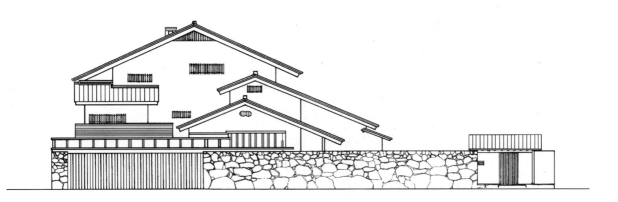

北立面图

二、现 代 风 格

17．库伯住宅

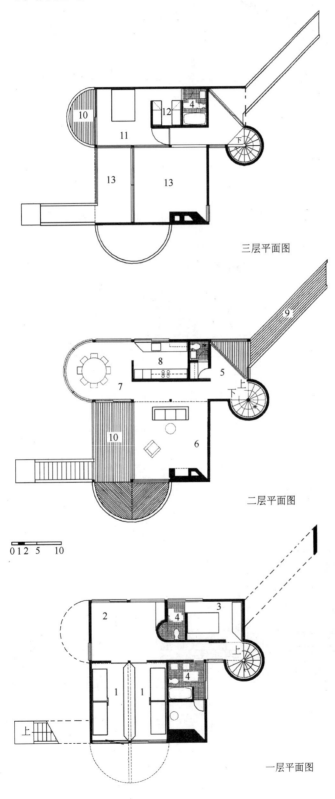

三层平面图

二层平面图

0 1 2 5　10

一层平面图

1—卧　室
2—家 庭 室
3—客 人 房
4—卫 生 间
5—门　厅
6—起 居 室
7—餐　厅
8—厨　房
9—坡　道
10—露　台
11—主 卧 室
12—储 衣 间
13—上　空

74

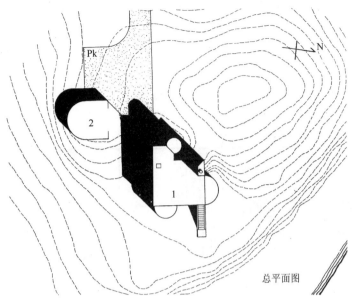

1— 住宅
2— 车库/游艇储藏室

总平面图

住宅外景(彩图28)

库伯住宅 Cooper Residence 美国马萨诸塞州 奥尔良

建筑师是格瓦斯梅·西格尔。基地有坡,位于一个半岛上,面向海湾和大西洋有开阔的视野。业主是有四个女儿的家庭,这里是供家庭度假用的别墅,业主要求有适当的功能分离,并尽可能地利用基地地形和良好的视野。建筑外观具有明显的雕塑感,曲与直、实与虚的对比大胆强烈(彩图17)。

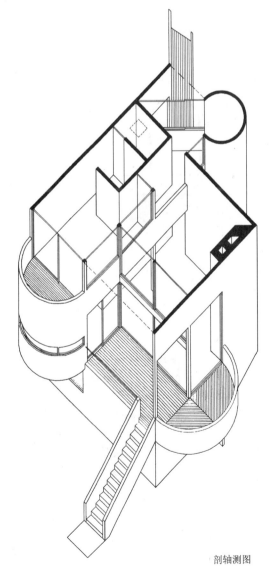

剖轴测图

18．格伯格住宅

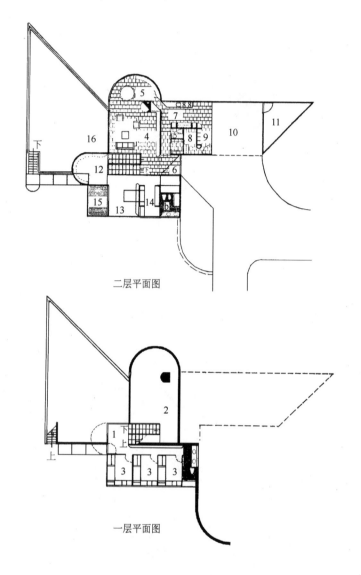

二层平面图

一层平面图

葛伯格住宅　Goldberg Residence
美国康涅狄格州

　　建筑师为格瓦斯梅·西格尔。住宅基地面积1.6公顷，位于山腰的坡地上，基地周围林木茂密。业主要求住宅可以眺望西北面的山谷，并从东、南向得到充分的采光。业主是有三个小孩的家庭，要求住宅中以起居室、餐厅等公共活动区把主卧室与儿童卧室明确分离，因而在设计中二者错半层布局。建筑以木构以主，辅以石材。造型中强调了雕塑感，以及体块间的呼应和虚实的对比。

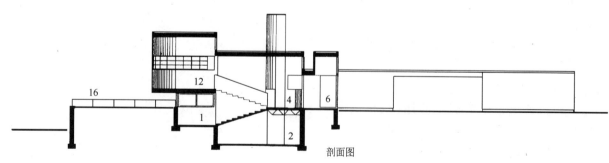

剖面图

1—门厅；2—家庭室；3—卧室；4—起居室；5—餐厅；
6—入口；7—厨房；8—洗衣房；9—储藏；10—车库；
11—杂物间；12—书房；13—主卧室；14—储衣间；
15—阳台；16—平台

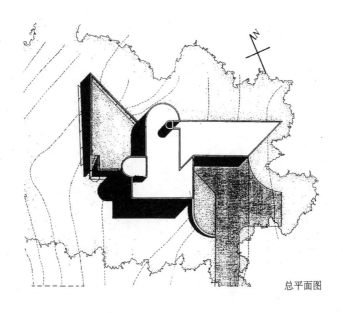

总平面图

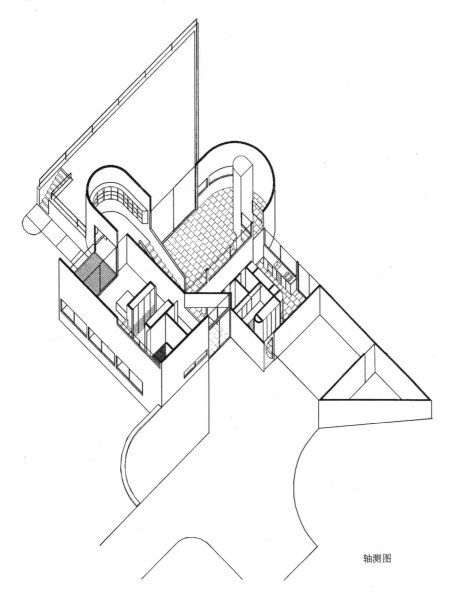

轴测图

77

19．祖米肯住宅

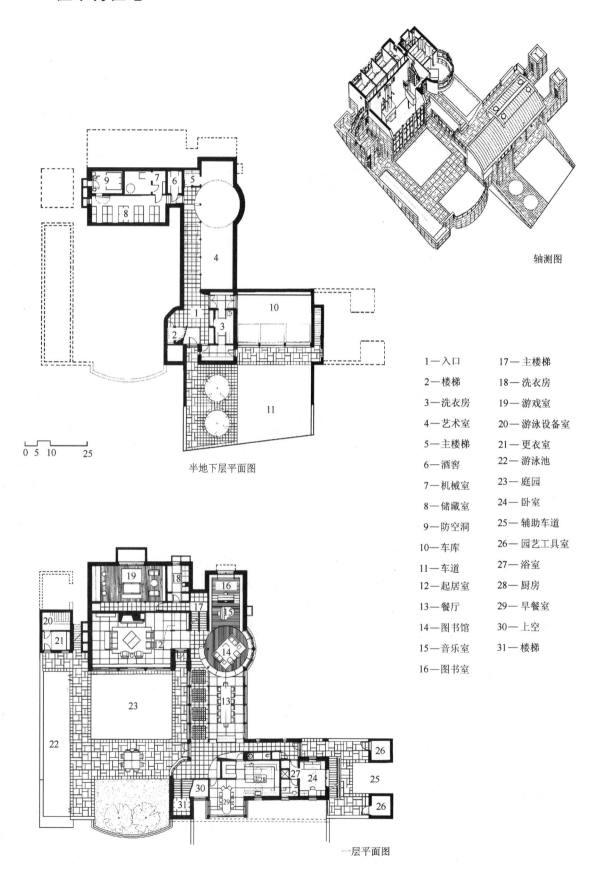

轴测图

半地下层平面图

0 5 10 25

一层平面图

1—入口　　　　17—主楼梯
2—楼梯　　　　18—洗衣房
3—洗衣房　　　19—游戏室
4—艺术室　　　20—游泳设备室
5—主楼梯　　　21—更衣室
6—酒窖　　　　22—游泳池
7—机械室　　　23—庭园
8—储藏室　　　24—卧室
9—防空洞　　　25—辅助车道
10—车库　　　　26—园艺工具室
11—车道　　　　27—浴室
12—起居室　　　28—厨房
13—餐厅　　　　29—早餐室
14—图书馆　　　30—上空
15—音乐室　　　31—楼梯
16—图书室

西南立面图

东北立面图

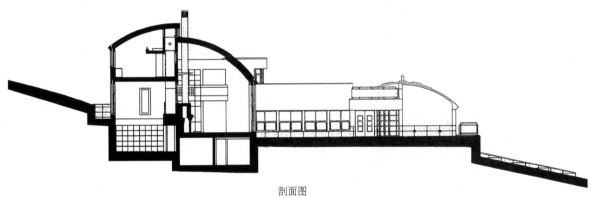

剖面图

祖米肯住宅　Zumikon Residence　1990～1993 年　瑞士

　　这是格瓦斯梅·西格尔的新作。业主为一个有四个男孩和两个女孩(1～16 岁)的大家庭。主人主要从事艺术品的收藏和捐助,他们希望组织有等级区别的空间,成人与子女有分开的私有空间,同时又有整体的共有空间供家庭交往。基地位于苏黎世的最北端,这里可以俯瞰东、北面的牧场,遥望南面的阿尔卑斯山和湖水。基地面积 2500m²,南北落差大约 10m。Z 形平面形成多等级的室内外空间,并形成多重室外平台和屋顶平台。建筑精致细腻,拱形屋面与平屋顶相辅相成,随视点变化形成丰富的视觉效果。建筑面积 950m²(彩图 29～彩图 31)。

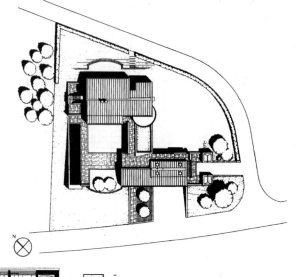

总平面图

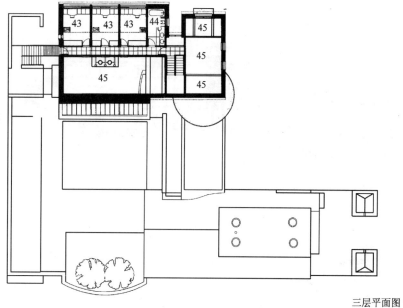

三层平面图

32 — 儿童卧室

33 — 浴室

34 — 主浴室

35 — 藏衣室

36 — 主楼梯

37 — 主卧室

38 — 屋顶花园

39 — 屋顶平台

40 — 读书室

41 — 上空

42 — 上空

43 — 儿童卧室

44 — 浴室

45 — 上空

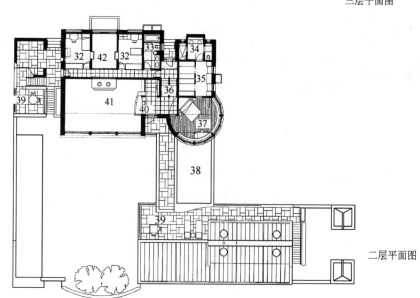

二层平面图

20．捷门内斯住宅

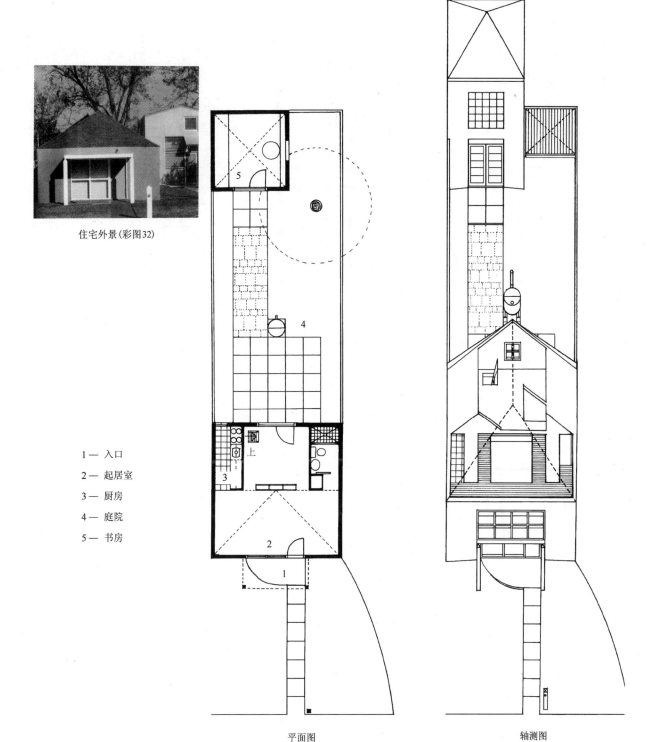

住宅外景(彩图32)

1 —— 入口
2 —— 起居室
3 —— 厨房
4 —— 庭院
5 —— 书房

平面图　　　　　　　　　　　　轴测图

捷门内斯住宅　Jimenez House　1984 年　美国休斯敦

　　这是捷门内斯为自己设计的住宅,设计中运用最单纯的形式元素和空间元素,体现了建筑师的个性和设计思想的精华。住宅包括两个独立的建筑(住宅主体和书房塔楼),彼此面对,中间以一个庭院相连,在获得自然与宁静的同时扩展了室内空间。建筑风格质朴简洁(彩图 32、彩图 33)。

21. 纽豪斯住宅

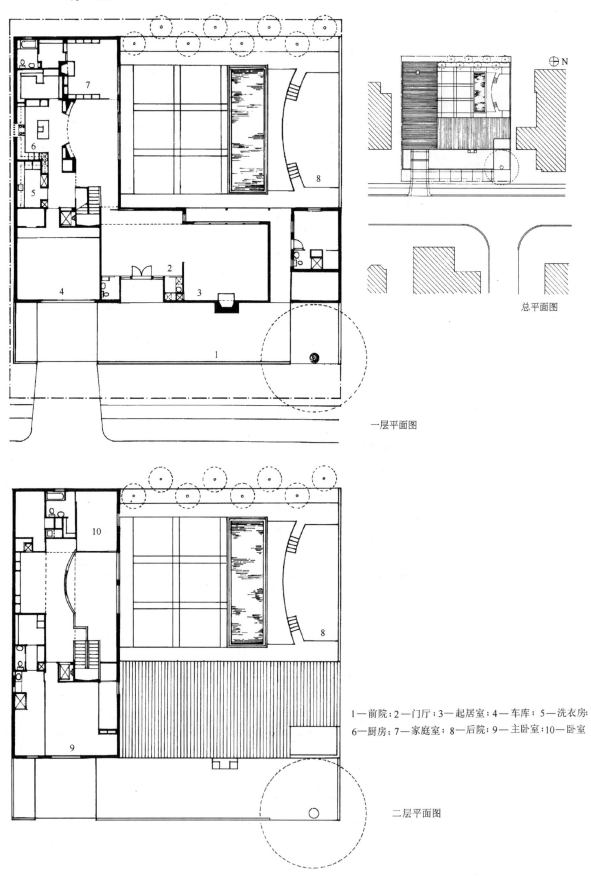

总平面图

一层平面图

二层平面图

1—前院；2—门厅；3—起居室；4—车库；5—洗衣房；
6—厨房；7—家庭室；8—后院；9—主卧室；10—卧室

82

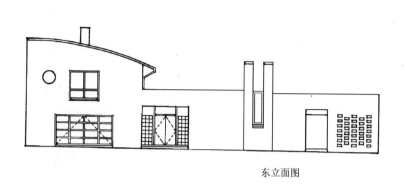

东立面图

住宅外景(彩图 34)

纽豪斯住宅　Neuhaus House
1994 年　美国休斯敦

建筑师为卡洛斯·捷门内斯(Carlos Jimenez),他的作品通常以简洁而著称。基地位于城市中一块密集的街区。为满足业主对自然和私密性的渴望,建筑师通过院墙和建筑的围合设计了前后各一个院子,并保留了前院中的一棵大橡树,以在密集嘈杂的环境中塑造了小天地。建筑面积 511m²,建筑平面呈 L 形,所有房间都可以俯看入口、花园和池塘。半拱形的屋顶使室内有更多的自然光,同时造成了不同空间的层高变化。建筑优雅、比例和谐。白色的室内色彩成为主人古典家具和现代艺术品中性的背景。

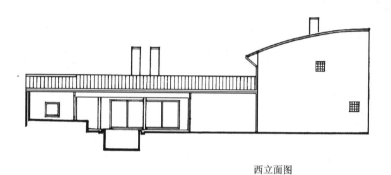

西立面图

卡洛斯·捷门内斯生于哥斯达黎加,在多种文化环境中长大,15 岁移居美国,现年 35 岁。他的生活可以分成两半:一半在家乡,一半在国外;一半西班牙语,一半英语;一半本国人,一半外国人。在他身上体现了多种文化的融合,以及国际化所产生的问题。在他的作品中,不论是简单的色彩和材料、规则的几何形体,还是抽象的设计手法,都具有现代主义的特征(彩图 34、彩图 35)。

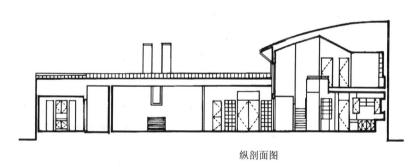

纵剖面图

横剖面图

22．葛罗塔住宅

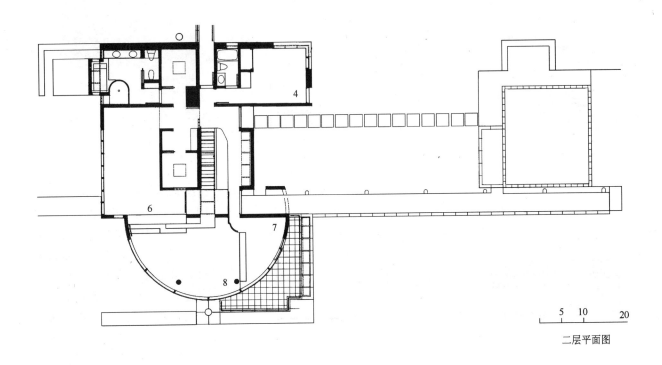

5　10　20

二层平面图

1—起居室；2—餐厅；3—厨房；4—卧室；
5—车库；6—主卧室；7—家庭室；8—上空

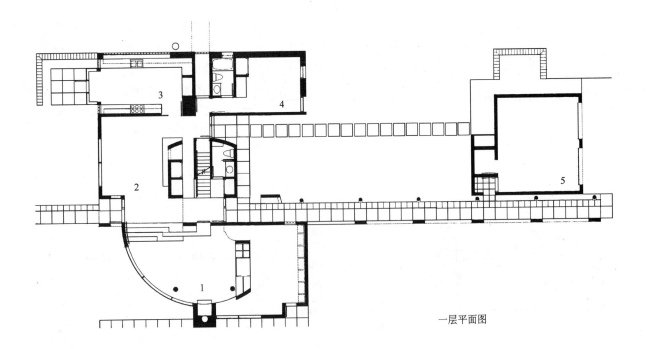

一层平面图

84

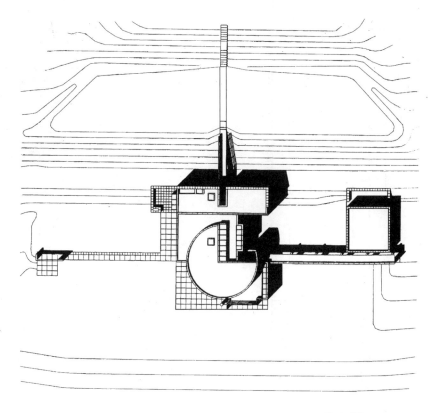

总平面图

住宅外景(彩图36)

葛罗塔住宅　Grotta House　1989 年　美国新泽西州

建筑师为里查德·迈耶。住宅的基地是 3 公顷的有坡的草地,基地的西北有森林,主要的景观来自东面。住宅的平面暗示着两条垂直相交的轴线,与基地上的景观相对应,从而使住宅的体量向环境扩展,并使住宅屹立于基地上的特定位置。住宅的构图中心是圆柱体,被周围矩形附属空间所包围。起居室位于圆形空间和矩形空间的相交部位,并由此被分割成两部分:低矮的围绕烟囱的半圆形的休息区和高大的矩形平台。一条有顶的步道把车库与住宅的主体联系起来。住宅的空间序列复杂多变,配合曲线与意外的光线,使住宅内部空间变化更加多样(彩图36、彩图 37)。

23. 韦斯特切斯特住宅

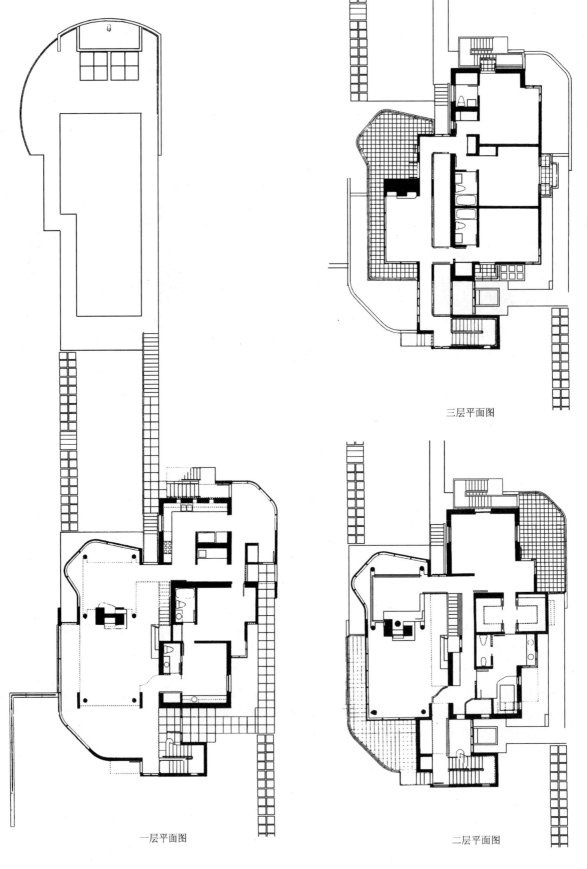

三层平面图

一层平面图　　　　　　　二层平面图

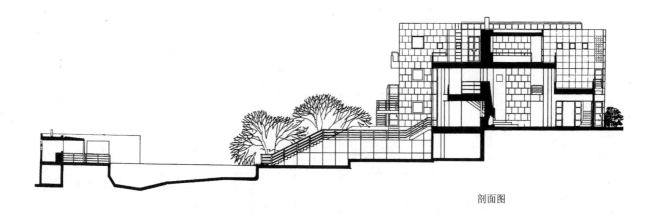

剖面图

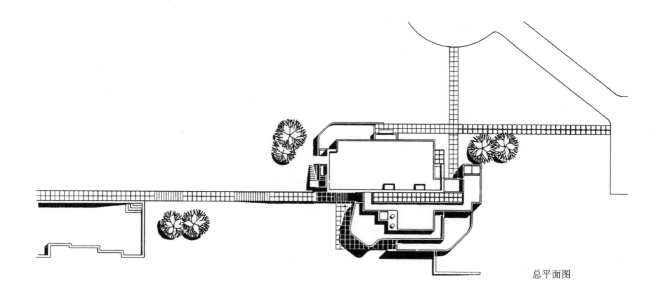

总平面图

住宅外景(彩图 38)

韦斯特切斯特住宅　Westchester House　1986 年　美国纽约州
　　建筑师是里查德·迈耶。建筑位于一块山地上,周围有茂密的树林,
景观优美,视野开阔。建筑的位置比山的最高点略低,并依南北轴线布
置。两个近似的矩形空间沿轴线方向错接,在相接的部分是交通空间,
并设有高窗可以洒下阳光。在外观上公共空间相对开敞,墙体以曲面的
铝合金板和玻璃为外衣,体形向北层层叠落,形成多层次的屋顶阳台。
私密空间比较封闭,墙体厚重,外墙的比例、色彩和质感都顺应了基地上
的石料特征,这一点与以往的白派建筑不同(彩图 38、彩图 39)。

24. 道格拉斯住宅

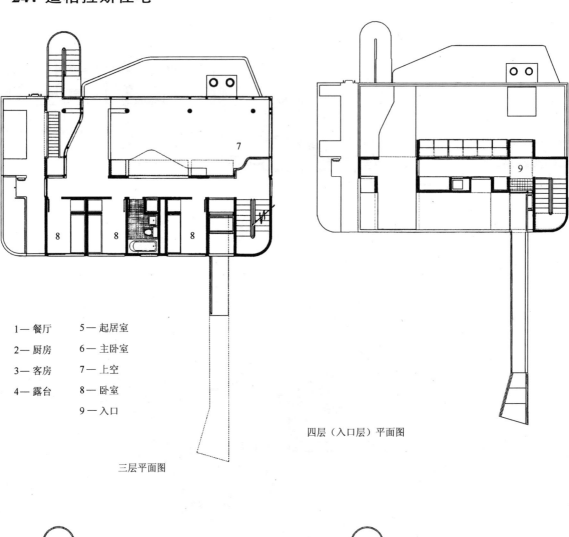

1— 餐厅　　5— 起居室

2— 厨房　　6— 主卧室

3— 客房　　7— 上空

4— 露台　　8— 卧室

　　　　　9— 入口

三层平面图

四层（入口层）平面图

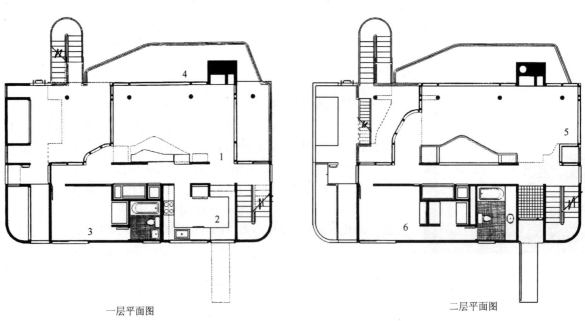

一层平面图

二层平面图

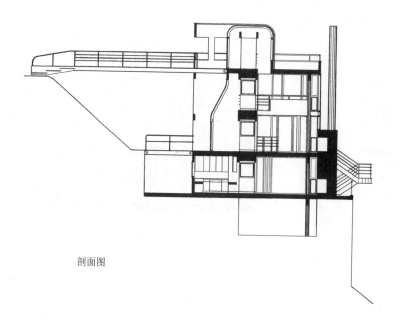

剖面图

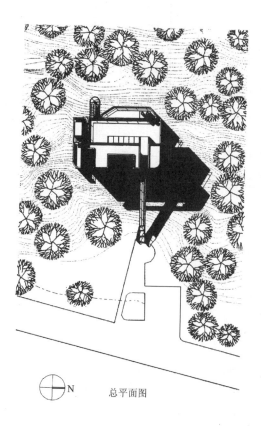

道格拉斯住宅　Douglas House　美国密歇根州

　　建筑师为里查德·迈耶。住宅是迈耶白派住宅早期的代表作,迈耶常用的手法诸如白色有分格线的墙体、平屋顶、大面积不以楼层局限的玻璃幕墙、脱离墙体的柱梁、自由生动的曲线、空灵的架子、室内的坡道、空间彼此的渗透和咬合,在这个住宅中有着明确、具体的体现。住宅坐落于山腰的密林之中,俯瞰前面的湖水。从湖中看去,住宅如万绿丛中一点白,大面积的玻璃反射着天光云影,在阳光下住宅时时表现着动态的光影,效果生动,有意想不到的表现力(彩图40、彩图41)。

N　总平面图

住宅外景(彩图40)

25．海滨住宅

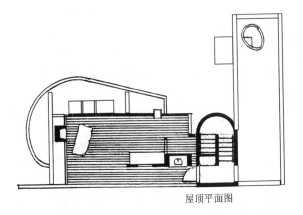

屋顶平面图

东立面图

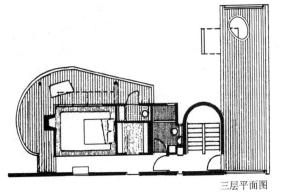

三层平面图

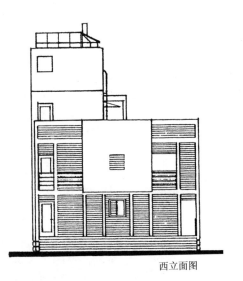

西立面图

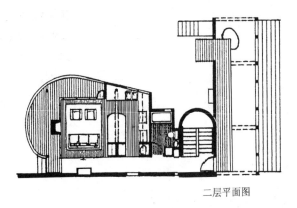

二层平面图

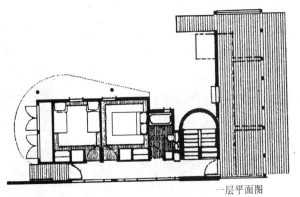

一层平面图

90

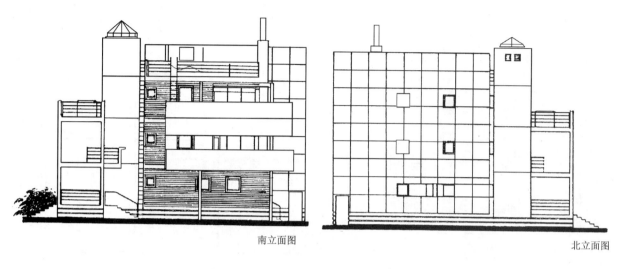

南立面图   北立面图

透视图

海滨住宅 House at Seaside 1988年 美国佛罗里达州

建筑师为安东尼·埃默斯(Anthony Amos)。这是一个假日住宅,为一对夫妇和他们的两个女儿组成的四口之家而设计。业主强调建筑的私密性和使用空间的各自独立性。基地位于一个住宅区内,根据当地的法规,住宅必须有一个特定尺寸的前廊,使之与邻里建筑组成统一、和谐的街景。为了看到远处的风景,住宅采用竖直的布局,并因前廊和基地形状的限制,平面呈 L 形,以此与邻里形成连续的街景,并在基地的后部形成一个私密的后院。建筑的交通组织是以沿外墙的走廊和楼梯展开,起居室和餐厅在二层,形成住宅的空间中心,主卧室在三层,女儿的卧室在一层,空间彼此连续,又各自独立。建筑的屋顶被设计成花园。建筑外观比较封闭,门廊在造型上的作用十分突出。

26. 住宅Ⅱ号

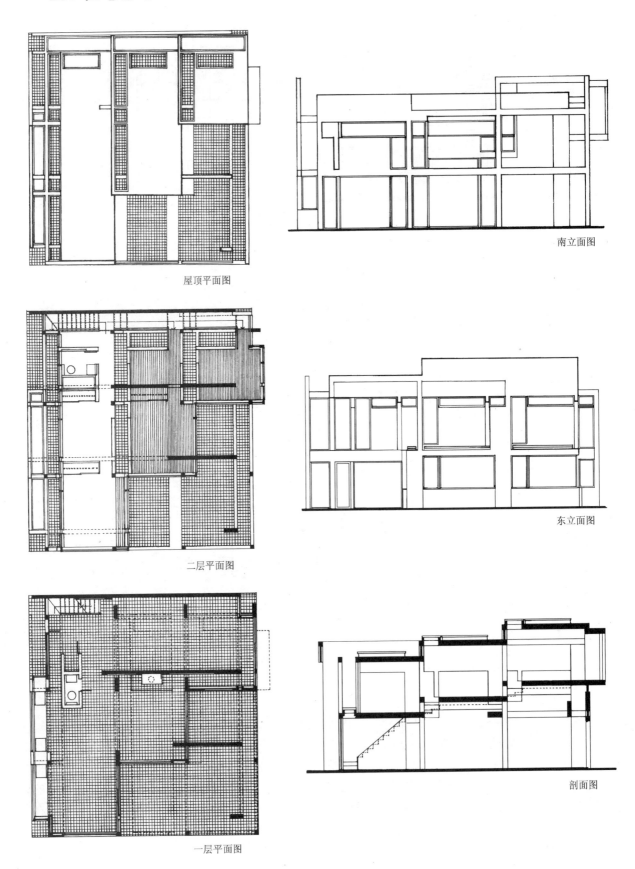

屋顶平面图

南立面图

二层平面图

东立面图

一层平面图

剖面图

住宅南侧外景(彩图 42)

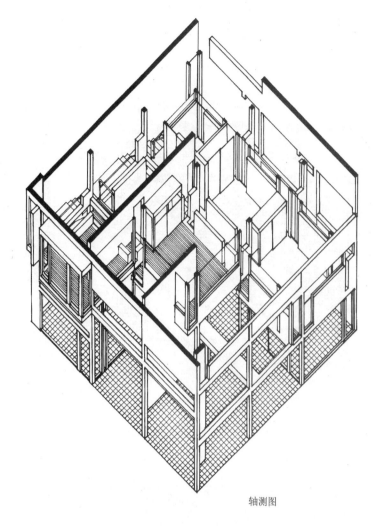

轴测图

住宅Ⅱ号及住宅Ⅲ号

设计人彼得·艾森曼 1932 年生于美国新泽西州纽霍克市,1963 年在剑桥大学获设计理论博士学位。他是著名的"纽约五"之一,是建筑界的前卫派代表人物。在他的建筑实践中一直保持抽象的美学观,运用简单的几何形式符号,运用概念要素和概念要素之间的关系进行形态的生成,而很少涉及传统、历史与地域风格。他从"功能产生形式"、"含义产生形式"演绎出"形式逻辑产生形式",他认为形式和形式的诞生是对某种形式关系的固有逻辑认识的结果。他运用乔姆斯基的语言学理论,建立了自己的建筑语法学,他借鉴语法结构的理论,借助抽象的结构关系,并运用文法和句法的概念,结合建筑符号进行建筑设计、表达设计理念。他在"卡片住宅"中以其较少的体量、较少的质感和色彩,表达了抽象的设计概念和方法。他将各种建筑构造要素——梁、柱、墙等作为词语,以线、面、容积三种原型系统构成体系,根据特定的语言法则,由原型系统的演绎与组合形成建筑形态。"卡片住宅"表达了他的基本设计方法,建筑体形可以由线和面作为边界,线是梁、柱和檐板等建筑构件,面是墙、楼板等构件,这些成为建筑语言的形式结构。由梁、板、柱组成的实空间与它们围合成的虚面和容积所形成的虚空间,建立起现实中的几何性与内涵中的几何性间的对立。而内涵的几何性表达的是建筑的深层结构,通过阅读深层结构,把形式结构的几个系统(支柱系统、墙体系统、门窗开口系统等)结合起来,理解建筑内涵。"住宅Ⅱ号"是艾森曼最著名的作品,他把立方体分为九个正方体,它们可由横、纵各四个面,或十六根柱子限定,利用立方体的对角线方向作错动,运用部件的多次重复,并借助压缩、伸展、对正、挪位等方法,形成多重的空间层次,通过形式结构和深层结构的生成作用,形成建筑形态并提供阅读建筑的方法(住宅Ⅱ号外景见彩图 42、彩图 43)。

27．住宅Ⅲ号

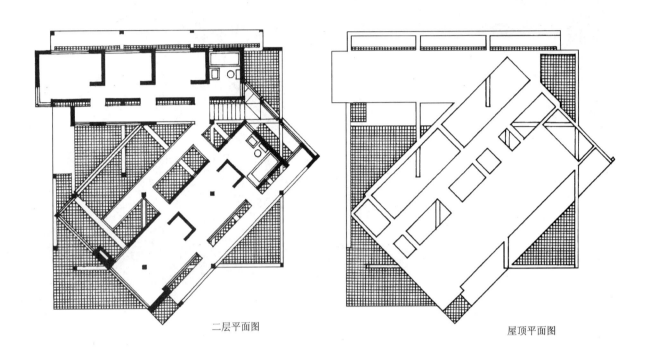

二层平面图　　　　　　　　　　屋顶平面图

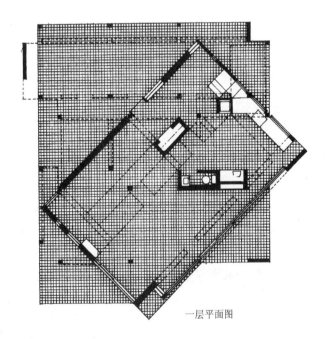

一层平面图

住宅外景（彩图44）

（文字介绍见实例26，外景及室内见彩图44、彩图45）

东南立面图

东北立面图

西北立面图

西南立面图

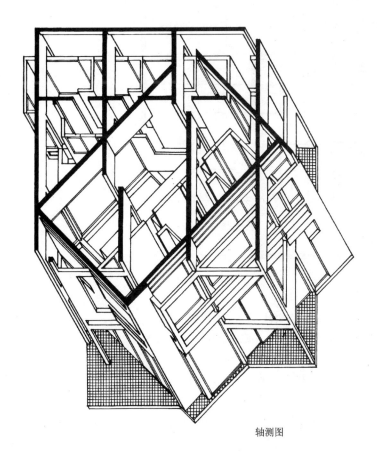

轴测图

28．假日别墅

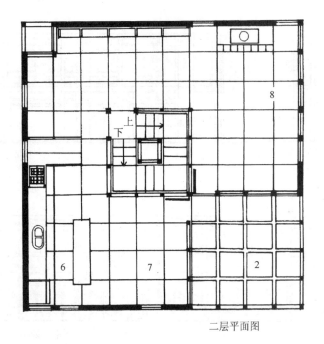

二层平面图

1—桥
2—露台
3—入口
4—阳台
5—卧室
6—厨房
7—餐厅
8—起居室
9—主卧室
10—家庭室
11—储藏室

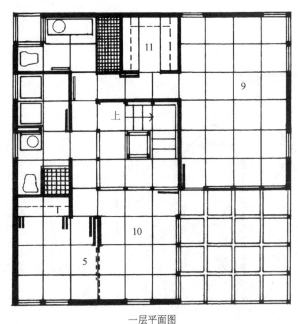

一层平面图

假日别墅　Vacation Home　1980年　美国威斯康星州

设计者为美国建筑师默非·扬（Murphy Jahn）。这是为一个三口之家所设计的一座假日别墅，基地位于威斯康星州北部的湖畔，占地1.4公顷周围森林茂密。基地是一个陡坡，坡向湖面，从基地上可以眺望湖对岸的湖光山色。别墅由三部分组成：住宅主体、湖畔游廊和小船坞。从入口的桥开始，到湖边船坞止，别墅以动态的空间序列和强烈的几何形体形成明确的造型特征。作为别墅立面主要形态语言的木方格既是结构构件，又是造型母题，使建筑具有强烈的几何特征。从湖边看去，建筑抽象的立体与环境形成鲜明的对比，同时建筑的木构与色彩又与基地的天空、大地和湖面相协调。建筑面积232m²（彩图46～彩图48）。

96

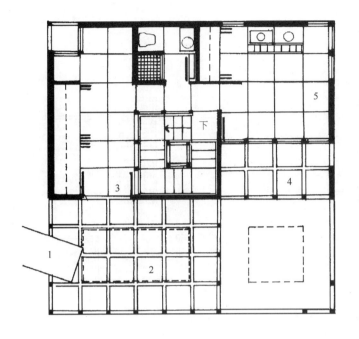

三层平面图

别墅外景(彩图46)

总平面图

29．罗伯森住宅

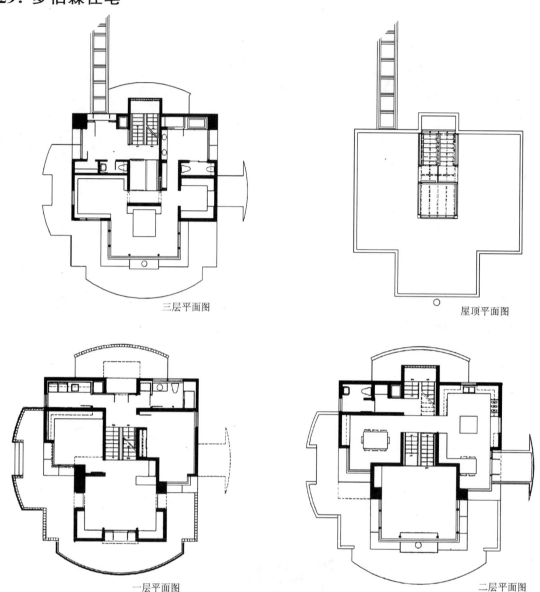

三层平面图

屋顶平面图

一层平面图

二层平面图

罗伯森住宅　Robertson Residence　1994 年　美国蒙大拿州

建筑师为迪安·诺塔(Dean Nota)。基地在一个很陡的林木茂密的小山坡上,俯瞰芙来特海德湖,并可以眺望西、北、南三面 180°的湖光山色。基地上巨大的岩石从植被中显露出来,成为基地的特色之一。业主要求住宅面积在 270m² 左右,作为一对夫妇和他们的客人的夏日别墅,业主希望这里有世外桃源的感受,可以欣赏周围的湖水、天空以及自然风光,住宅中要求有工作室、娱乐室以及屋顶的露台。住宅设计成塔状的四层建筑,以配合岩石地况。住宅的入口在顶层,起居室在中间层,客房和娱乐室在下层,两层高的地下室包括酒窖、机械室和储藏室,另外有一个 8m 长的桥从原存的停车场通往住宅,罗伯森住宅造型为竖直的体形,在以水平线条为主的湖景及自然造物中,以与之对立的垂直线条的人造物形成鲜明的对比,这种对立于自然的构思渗透到设计的整个过程和住宅的各个局部。住宅的平面是 12m×12m 的正方形,它从岩石基础中破土而出,住宅的下层部分在建筑材料、色彩和质感都尽可能呼应岩石的特征。在住宅以毛石、玻璃和光洁的混凝土墙为主要材料,建筑的顶部设计了天窗,把光洒向主要的生活空间(彩图 49、彩图 50)。

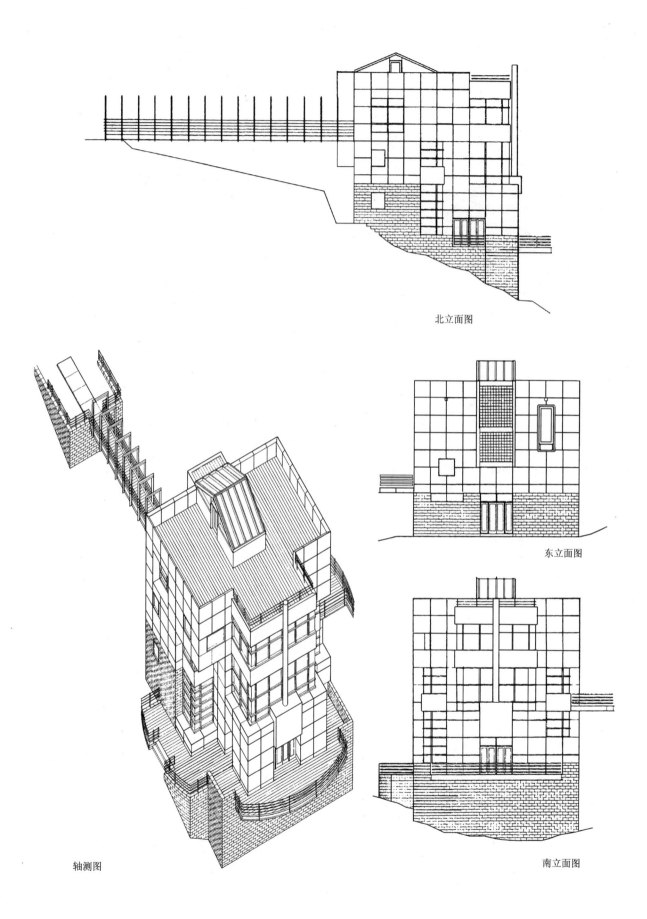

北立面图

东立面图

轴测图

南立面图

30．卡韦尔住宅

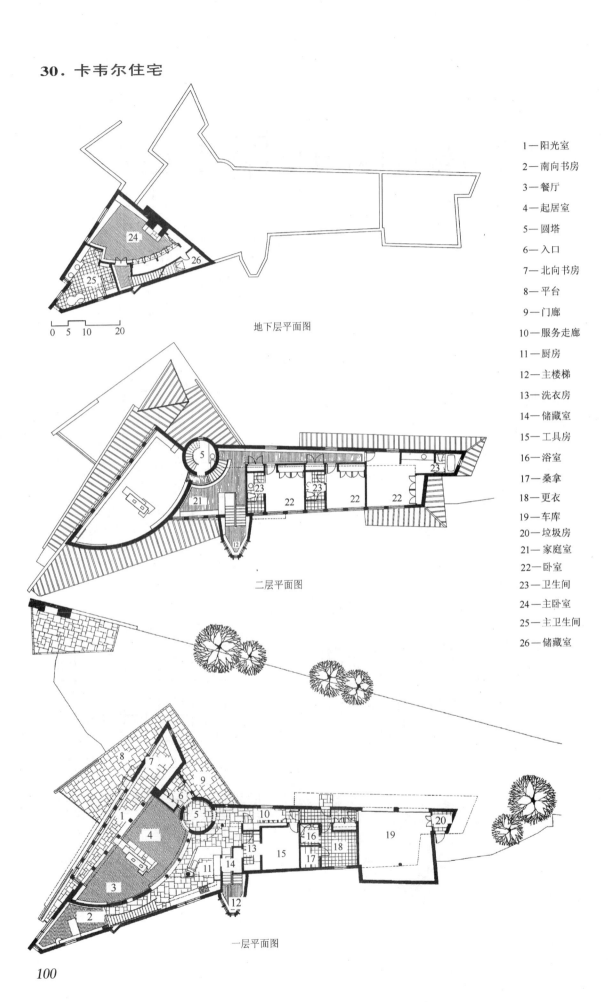

1—阳光室
2—南向书房
3—餐厅
4—起居室
5—圆塔
6—入口
7—北向书房
8—平台
9—门廊
10—服务走廊
11—厨房
12—主楼梯
13—洗衣房
14—储藏室
15—工具房
16—浴室
17—桑拿
18—更衣
19—车库
20—垃圾房
21—家庭室
22—卧室
23—卫生间
24—主卧室
25—主卫生间
26—储藏室

地下层平面图

0 5 10 20

二层平面图

一层平面图

100

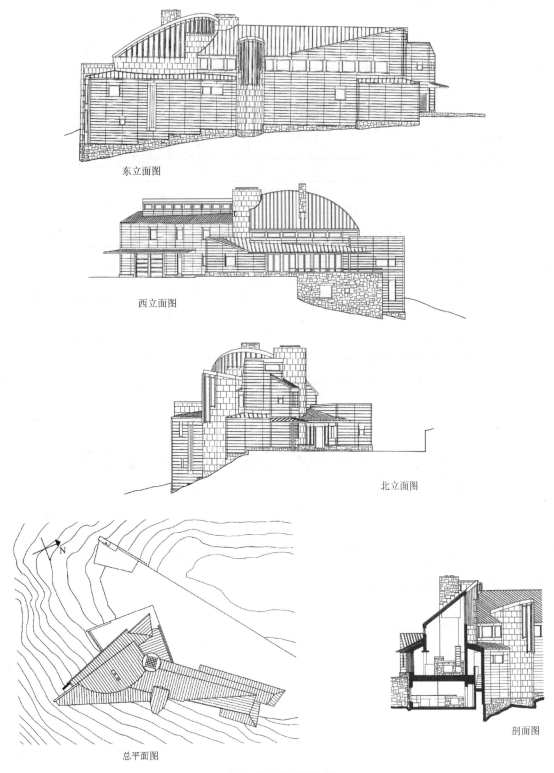

东立面图

西立面图

北立面图

总平面图

剖面图

卡韦尔住宅　Carwill House Ⅱ　1991年　美国佛蒙特州

建筑师是 KPF 事物所的威廉·皮德森。这是业主的度假别墅,基地在一座小山的顶端,从这里可以俯瞰佛蒙特州的滑雪胜地。建筑建于接近山顶的地方,使住宅从远处看去就像戴在山顶的皇冠。平面呈不规则的几何形,几个几何形以圆柱楼梯为中心旋转叠合,以顺应不规则的基地,并极力争取良好的景观和阳光。建筑具有强烈的雕塑感,垂直构件(烟囱、楼梯等)从水平线中冲出,包铜的屋顶和墙与毛石、木材墙对比,使建筑体形丰富而优雅。建筑三层,建筑面积 520m²(彩图51、彩图52)。

31．洛杉矶住宅

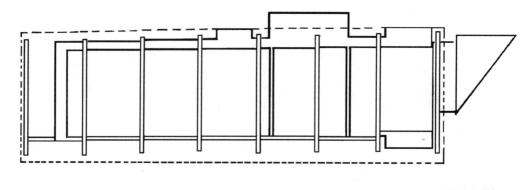

屋顶平面图

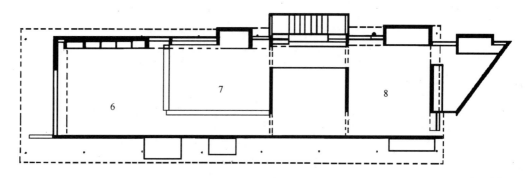

二层平面图

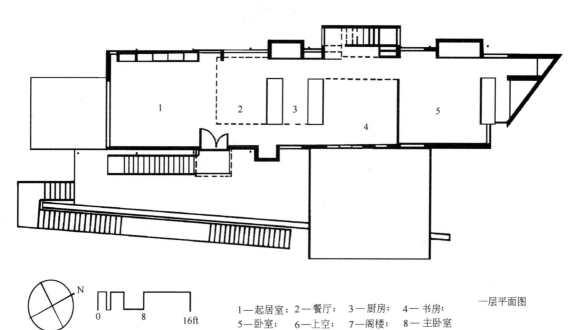

一层平面图

N

0   8   16ft

1—起居室； 2—餐厅；   3—厨房；   4—书房；
5—卧室；   6—上空；   7—阁楼；   8—主卧室

洛杉矶住宅 美国 洛杉矶

　　这一作品的建筑师为萨拉·格兰汉姆和马可·安吉利尔。住宅建于非常陡的山坡上，车库在建筑的下层，与道路同层。室内由一组柱子和三个平行的墙面划分空间，简洁而实用。在体形的处理上，通过与结构工程师密切合作，使木构与钢铁框架共同作用，其结果是"钢铁框架中的木盒子"，从而在两个互相对比的系统中产生了丰富的对话。建筑面积156m^2（彩图53、彩图54）。

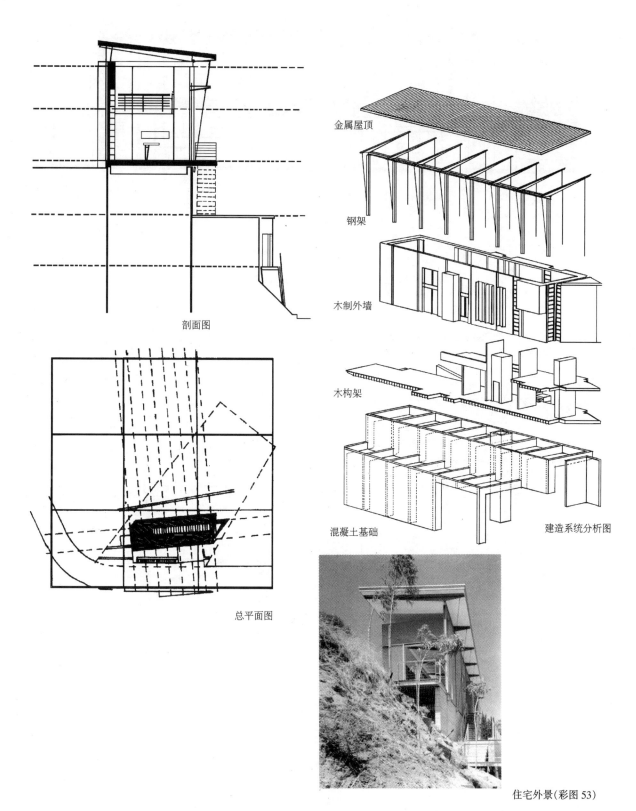

剖面图

总平面图

金属屋顶

钢架

木制外墙

木构架

混凝土基础

建造系统分析图

住宅外景(彩图 53)

103

32．砖与玻璃住宅

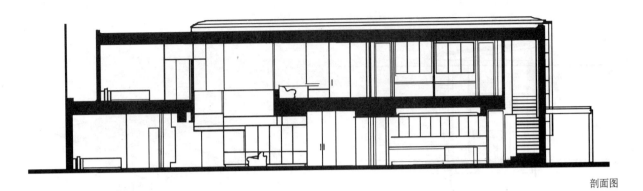

剖面图

1—车库
2—厨房
3—餐具室
4—餐厅
5—起居室
6—卧室
7—图书室

0　　10ft

N

3m

一层平面图

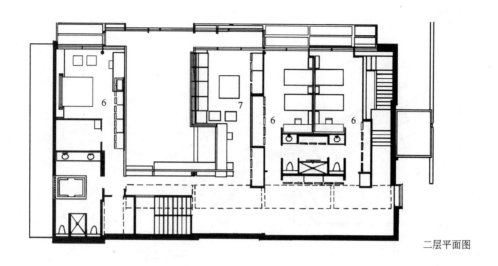

二层平面图

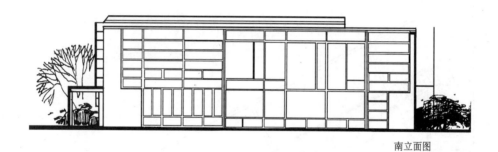

南立面图

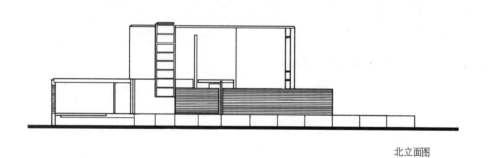

北立面图

砖与玻璃住宅　Brick &Glass House　美国芝加哥

　　建筑师是 Krueck 和 Sexton。基地位于芝加哥的一个历史地段中,面积 550m²。业主是一对有两个儿子的夫妇,他们厌倦了旧住宅的小面积和有限的光线,希望新建筑与以前的住宅完全不同。建筑是现代主义风格,它以钢框架、面向庭院的两层玻璃幕墙等现代主义的通用手法与邻里建筑风格明显不同。沿街的立面虽然没有传统细部,但使用了街区所限用的材料,如砖石、石灰石等,用偏离中心的黄柱、垂直开的纵窗等创造了一种"蒙德里安"式的诗化的几何学立面。面向庭院的大玻璃幕墙为住宅提供了充足而微妙的自然光。住宅两层高的起居室成为建筑空间序列的高潮(彩图55、彩图56)。

33．马什住宅

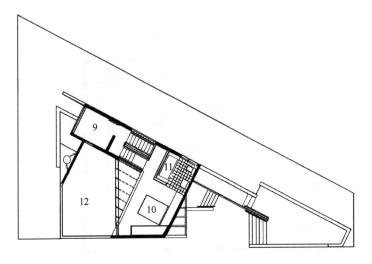

三层平面图

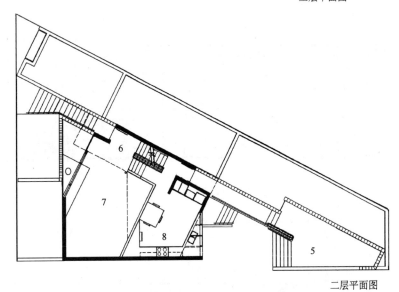

二层平面图

1—车库
2—卧室
3—浴室
4—庭院
5—后院
6—入口
7—工作室
8—厨房/餐厅
9—书房
10—卧室
11—浴室
12—屋顶露台

一层平面图

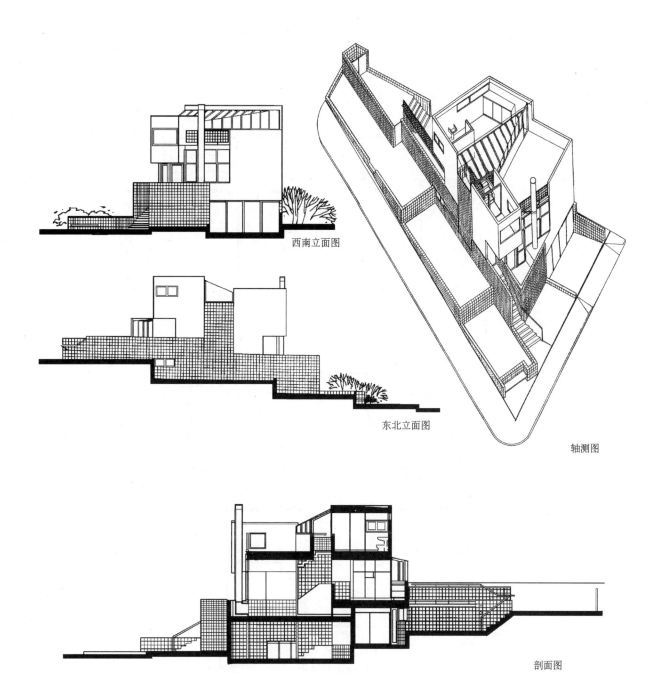

西南立面图

东北立面图

轴测图

剖面图

马什住宅　Mash Studio/Residence　1988 年　美国加利福尼亚州

建筑师为迪安·A·诺塔。住宅位于洛杉矶以西,坐落于一个由独户住宅和小型公寓组成建筑密集的海滨住宅区内。基地夹在两个街区之间,面积比较小,呈三角形,东、西、北三面被道路界定,向西可以眺望大西洋的风光。业主是一个画家,基地上原有一个单层的石材建筑是业主的画室。业主要求住宅具有多功能的工作、起居、餐饮空间,并有安静的卧室和客房,同时大西洋的风光要成为屋顶室外起居室的一部分。业主提出"这里是适于学习和沉思的小别墅"。业主拥有南面的相邻基地,希望将来在这部分基地上组织一个庭院,避开嘈杂的环境。住宅的设计理念来自基地的环境文脉,以及业主所要求的住宅和工作室空间交织的设想。几何形的平面形态来自三角形的基地形态。在外观处理上,建筑底层是毛石材料,与原有的画室材质相同,建筑的上部材料逐渐轻盈、透明,运用了光洁的墙面和大面积的玻璃墙体(彩图 57、彩图 58)。

34．纽曼住宅

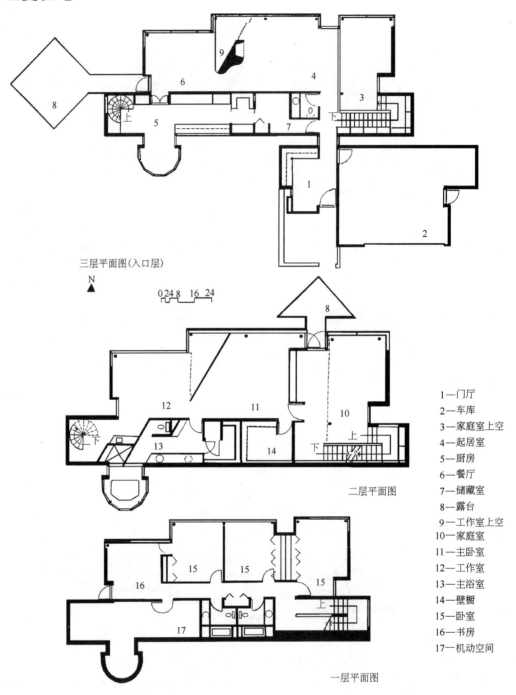

三层平面图(入口层)

N

0 2 4 8 16 24

二层平面图

1—门厅
2—车库
3—家庭室上空
4—起居室
5—厨房
6—餐厅
7—储藏室
8—露台
9—工作室上空
10—家庭室
11—主卧室
12—工作室
13—主浴室
14—壁橱
15—卧室
16—书房
17—机动空间

一层平面图

纽曼住宅　1998 年　美国密歇根州

　　这是为一位建筑师丈夫和他的艺术家妻子以及三个孩子新建的一个 4 个卧室的住宅,基地位于森林茂密的坡地上,面向北面有一个池塘。基地的特殊地形迫使建筑的平面不得不被分成两部分,彼此以桥相连。门廊和车库在桥的一侧,从这里可以下到山脚下。主要的起居空间在桥的另一侧,公共空间在顶层,中间是比较私密的家庭生活空间,下层是孩子们的空间,由于两个大孩子上大学,不经常回家,最小的孩子 5 年后也要离家上学,当孩子离开后,这部分可以独立封闭。由于热切希望能够在欣赏自然景色的同时保持相对的私密性,在平面设计中把所有服务空间组成一个比较紧密的核,公共空间围绕其外,使之能够更加充分的接触自然,北面的大面积玻璃幕墙使生活空间与自然作最大的交流。别墅面积 470m²(彩图 59～彩图 61)。

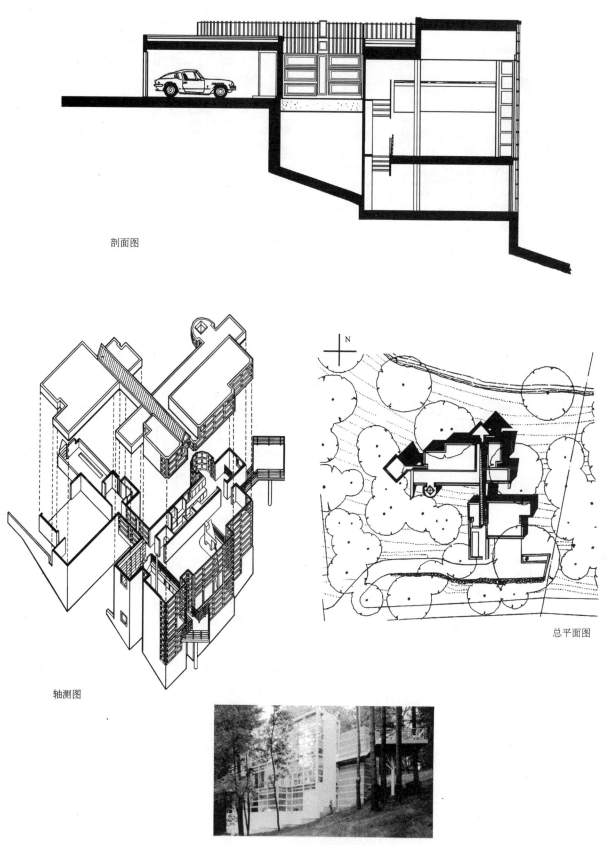

剖面图

轴测图

总平面图

住宅近景（彩图59）

35．肯那住宅

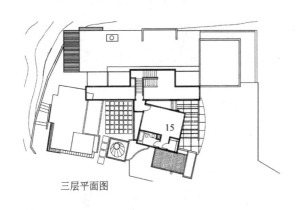

三层平面图

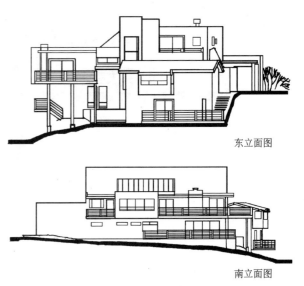

东立面图

南立面图

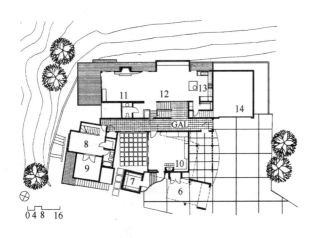

二层平面图(入口层)

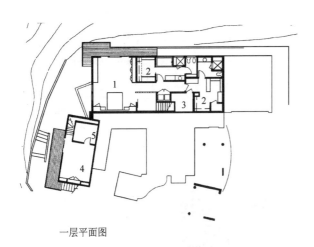

一层平面图

肯那住宅 Keener Residence 1993 年 美国加利福尼亚州

住宅由建筑师 Darell S. Rockefeller 和 Michael Hricak 主持设计。基地位于拉什山崖的边缘,这里生长着加州特有的动物和植物,使基地看起来如同世外桃源。业主要求住宅在具有居住功能的同时,还可以作为经常变换展品的绘画、印刷品、三维艺术品的展览厅,同时建筑还要充分发挥基地的特有品质和优势。建筑师把住宅分为三个部分,(1)独立的收藏空间;(2)展览空间;(3)展廊,它们形成三个不同的场所。在空间的组织上强调了各种空间场所的叠合,比如室外空间和入口处的庭院、内部的使用空间和展廊、花园和基地附近的山崖等等的相互交织。在建筑设计中,充分利用了 80% 的现存建筑,并在现存建筑中插入新的建筑片断,以重组建筑空间,形成新的空间秩序。在平面中,主要的室内空间都与外部空间直接结合。底层的一组窗子与高窗配合组织良好的对流通风。在东面的开窗保证了日照,并阻挡了下午的暴晒。

1— 主卧室;2— 更衣室;3— 机械室;4— 书房;

5— 饮品室;6— 车库;7— 酒窖;8— 客人房;9— 上空;

10—家庭室;11—起居室;12— 餐厅;13—厨房;14—车库;15—客人房

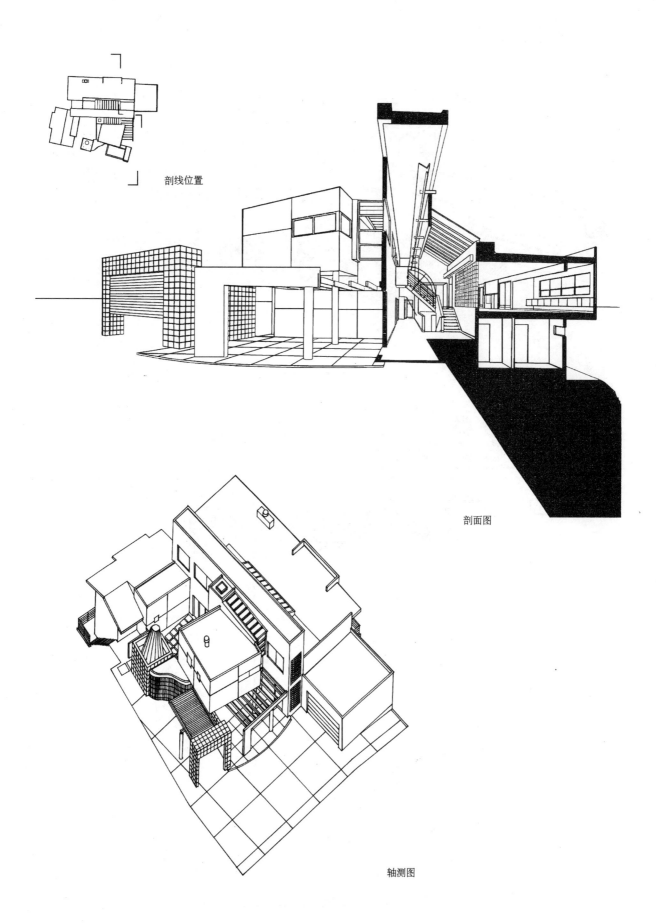

剖线位置

剖面图

轴测图

36．斯垂耶住宅

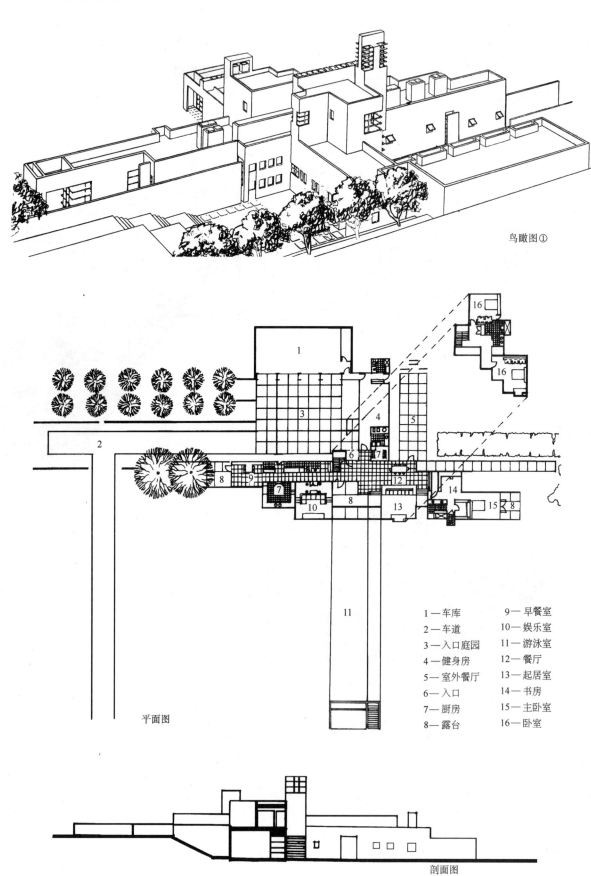

鸟瞰图①

平面图

剖面图

1—车库　　9—早餐室
2—车道　　10—娱乐室
3—入口庭园　11—游泳室
4—健身房　12—餐厅
5—室外餐厅　13—起居室
6—入口　　14—书房
7—厨房　　15—主卧室
8—露台　　16—卧室

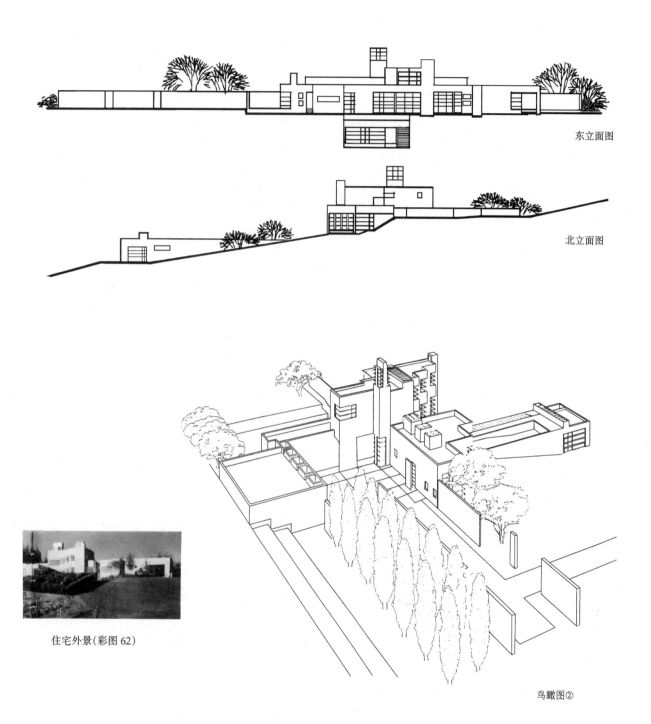

东立面图

北立面图

住宅外景(彩图62)

鸟瞰图②

斯垂耶住宅 Schreyer House 美国 加利福尼亚州

斯垂耶住宅的基地坐落于小丘之巅,可以俯视业主规整的葡萄园。平面呈十字形,主要房间面向葡萄园,一系列墙体延伸入环境和建筑的中心,错落有致。基地面积为26公顷,现存的一对橄榄树和一组红皮灌木标志着住宅两侧的末端。建筑继承了现代主义的设计手法,采用纯净简洁的几何形和抽象的现代主义语言。为了加强俯瞰葡萄园的视觉效果,建筑设角窗和带形窗,强调水平线和180°的视野。在色彩的选择上,建筑师认为建筑主体应是白+灰,使建筑与环境产生强烈的对比,同时灰绿的石墙和水磨石地面又来自基地的土地和植物色彩,从而产生对比中的和谐(彩图62)。

37．运宅

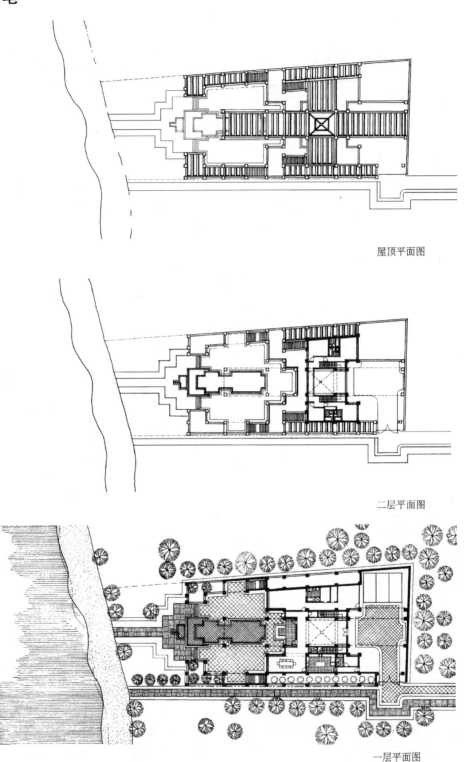

屋顶平面图

二层平面图

一层平面图

运宅　Yung Residence　美国夏威夷

建筑师为弗兰克·威廉姆斯。住宅是为来自香港的委托人设计。基地位于美国夏威夷,地形微微坡向海岸。业主是一位古典汽车的收藏家,喜爱户外活动和用餐,他要求住宅最大限度地享受气候和景观,同时住宅具有良好的私密性。住宅设计中体现了"开敞"的理念,通过一系列的廊子和平台以及室外台阶组织交通流线,并形成不同高度、不同尺度、不同围合感的丰富的户外空间,建筑空灵的形态符合热带建筑的特有风格。建筑面积 650m²(彩图 63、彩图 64)。

38．瑞文住宅

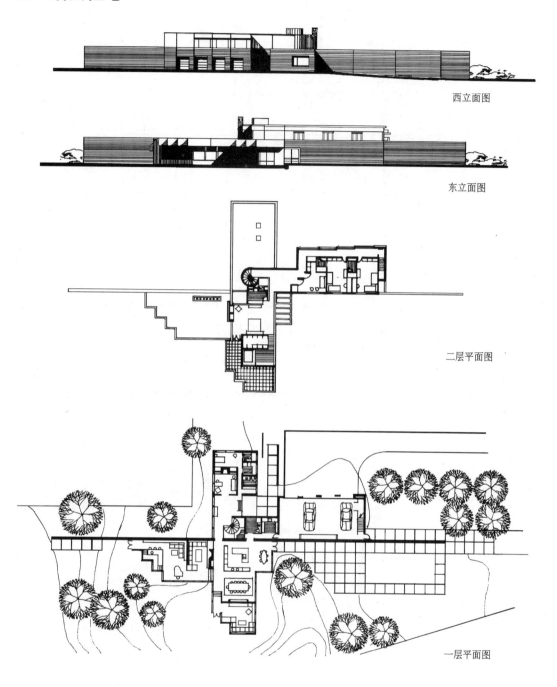

西立面图

东立面图

二层平面图

一层平面图

瑞文住宅　Ravine House　1983 年　美国伊利诺依州

　　住宅由哈瑞·南吉尔事务所(Nagle，Hartray &Associates)设计。基地位于芝加哥郊区的高地公园,地处森林茂密的山谷中。住宅的风格借鉴了密斯的主要手法,中心壁炉式的平面使人联想起赖特设计的草原住宅。住宅的细腻设计不仅使之成为物质实体,而且使基地的环境更加生动、鲜活。业主是一个希望扩大生活空间的四口之家,要求建筑师设计宽敞、开放式的住宅,包容有较多娱乐的、活跃的家庭生活。住宅采用不对称的布局,以独立的墙体加强风车形的构图,入口被车库(其上是孩子们的生活空间)和包括图书馆和佣人房的单层一翼所界定。起居室、餐厅和厨房一翼的上面是主卧室和屋顶露台,从这里可以俯视山谷的风光,同时室外的游泳池和网球场把生活空间延展到室外。住宅以木构架为主体结构,住宅的外墙下面是当地的白色砖墙,在墙的顶端用白色的毛石作边,处理细腻精致(彩图 65)。

39．胡弗别墅

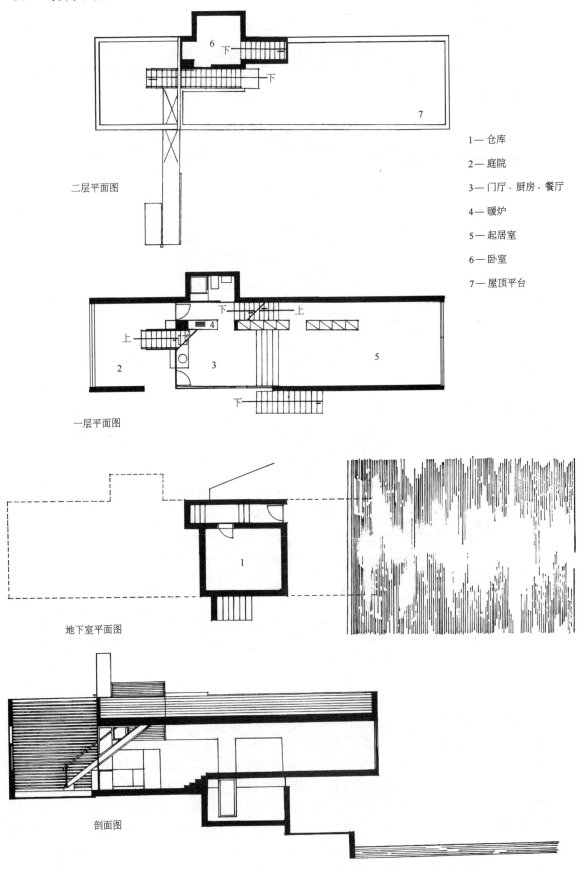

二层平面图

一层平面图

地下室平面图

剖面图

1— 仓库

2— 庭院

3— 门厅、厨房、餐厅

4— 暖炉

5— 起居室

6— 卧室

7— 屋顶平台

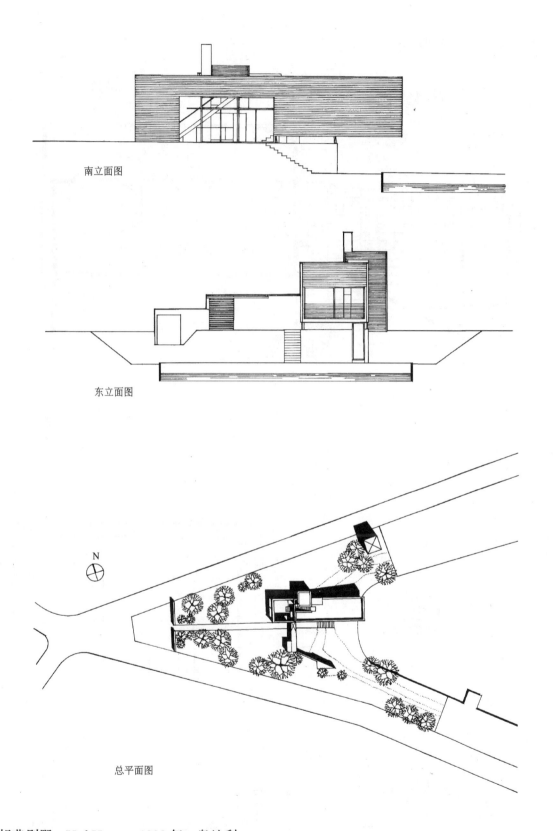

南立面图

东立面图

总平面图

胡弗别墅　Huf House　1993 年　奥地利

建筑师是恩斯特·贝内德(Ernst Beneder)。业主是一对医生夫妇,这里是他们的度假别墅。基地位于池塘边的一个道路交叉口,基地呈锐角,周围有茂密的树林。池塘成为建筑构思的起点。建筑向池塘挑出,围墙和建筑主体成为欣赏水景的景框,一部室外楼梯可以直接上到屋顶,俯瞰天光水色。建筑内部空间开敞通透,以家具分隔(彩图 66～彩图 68)。

40. 范·贝尔特住宅

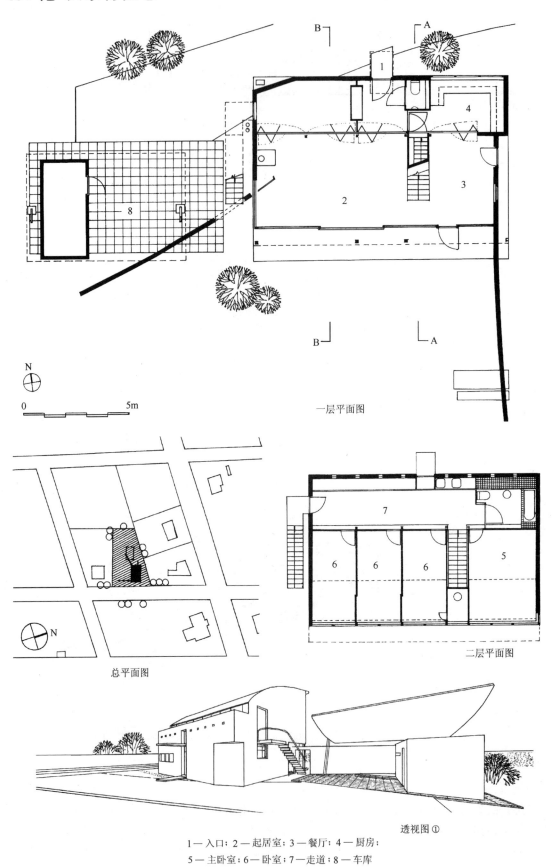

一层平面图

总平面图

二层平面图

透视图①

1—入口；2—起居室；3—餐厅；4—厨房；
5—主卧室；6—卧室；7—走道；8—车库

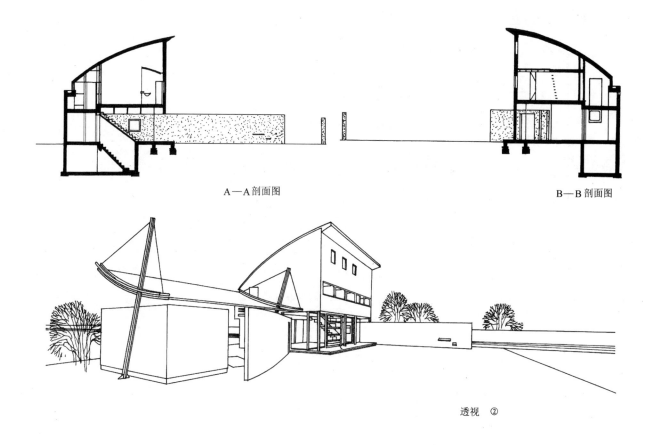

A—A剖面图　　　　　　　　　　　　B—B剖面图

透视　②

室内透视图

范·贝尔特住宅　Van Pelt Residence　1985年　比利时　佐尔塞尔

基地是从森林中划出的一块,业主希望建筑从环境中独立出来。在设计中建筑师运用封闭的花园墙和矮墙、弯曲的屋顶、不连续的窗子等加强了内闭感。由于建筑面积和基地不大,为加强从环境中看建筑的视觉效果,建筑师选用30°的屋顶坡度,一方面增加了建筑体量,另一方面又形成了不同的室内层高,为丰富室内的空间层次创造了条件。首层分为设备、起居和平台三个区彼此以推拉门相隔,增加了功能分区的模糊性(彩图69)。

41．汉特近郊住宅

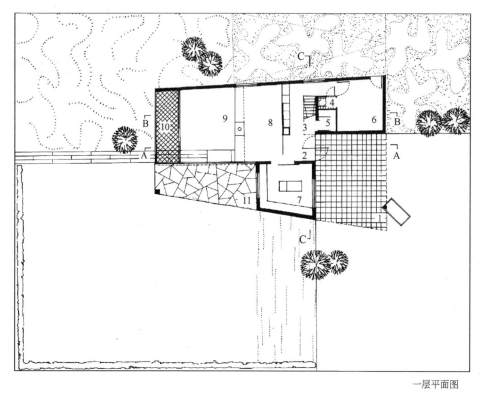

一层平面图

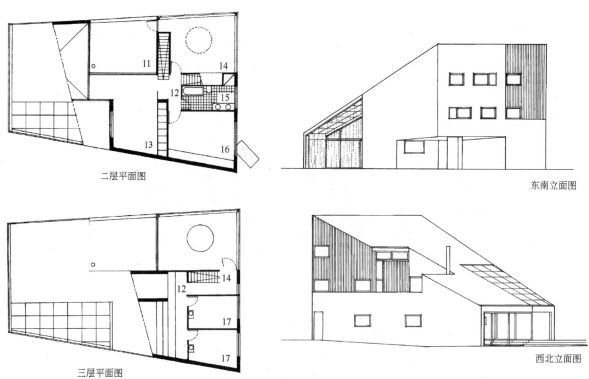

二层平面图

东南立面图

三层平面图

西北立面图

1—车库；2—入口；3—门厅；4—卫生间；5—冷库；6—储藏；
7—厨房；8—餐厅；9—起居室；10—玻璃廊；11—露台；12—厅；
13—工作室；14—艺术工作室；15—浴室；16—主卧室；17—卧室

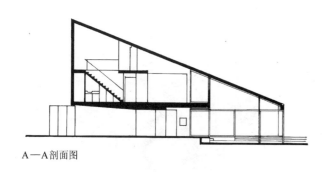

A—A剖面图

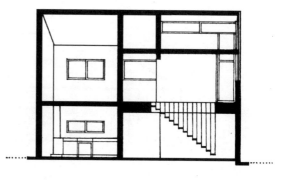

C—C剖面图

B—B剖面图

住宅夜景(彩图71)

汉特近郊住宅　House Near Ghent　1991年　比利时汉特

建筑师为 Xaveer de Geyter。基地的附近是被规划成大小不等的地块,不同的地块上业主各自修建房屋,也有闲置的地块,因此基地的周围环境比较杂乱。大多数建筑没有统一的风格,仅表现出郊区住宅比较开敞的特征。汉特住宅也处于这样一个地块上,相邻的三个地块性质各有不同,一块是以前学校所附属的公园,一块是残留的草场,另一块是60年代就已经划拨但至今未建的空地,上面随意地生长着一些植物。为了尊重已有的环境,建筑师把基地分成四个部分,各自协调相应的邻里环境。建筑置于基地的中央,以大大的坡屋顶为主要特征,入口和车库直接面向新邻居,平台面向60年代的空地,起居室和庭院与草场相邻,在东北面一、二层面向公园。同时根据不同的邻里,建筑使用不同的材料,以求呼应,毛石、混凝土墙、白色喷涂、木格栅、不锈钢、透明及半透明的玻璃都在建筑中使用,在复杂的环境中强调了与环境的调和性(彩图70、彩图71)。

42．瓦维垂拉的独户住宅

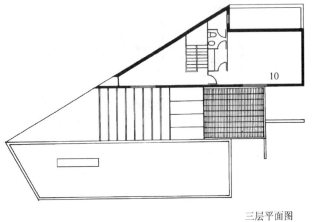

三层平面图

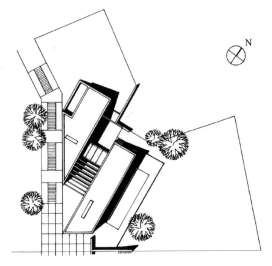

总平面图

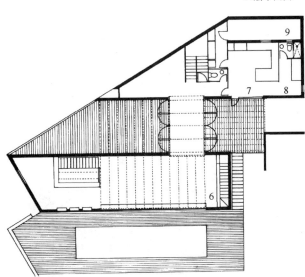

二层平面图

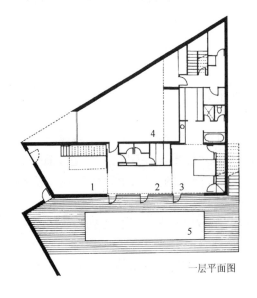

一层平面图

1—健身房

2—家庭室

3—主卧室

4—车库

5—主卧室

6—起居室

7—厨房

8—佣人房

9—庭院

10—客房

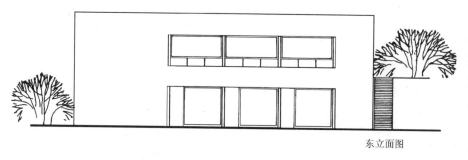

东立面图

瓦维垂拉的独户住宅　Single Family House in Vallvidrera 1996年　西班牙巴塞罗那

建筑师是亚利山大·派拉罗斯（Alexandre Pararols）。基地坐落于一个很难接近的陡坡，东北面有茂密的丛林。住宅采用两个彼此平行的体量（中间间隔一开放的空间），陡坡坡向南面，俯瞰远处的山和海，两个体量在下层相连，部分嵌入山中。建筑表面选用钉在藤架上的木板条，塑造细腻的肌理，在强烈的阳光下产生微妙的光影变化（彩图72）。

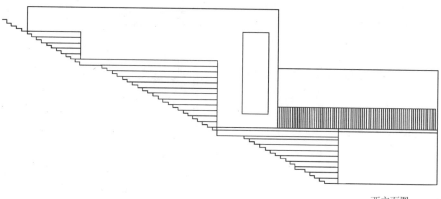

西立面图

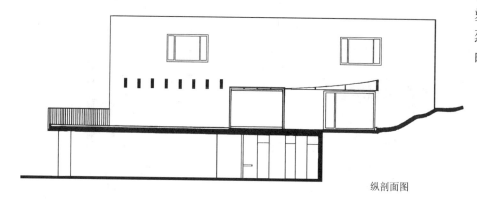

纵剖面图

横剖面图

住宅外景（彩图72）

43. 赞德住宅

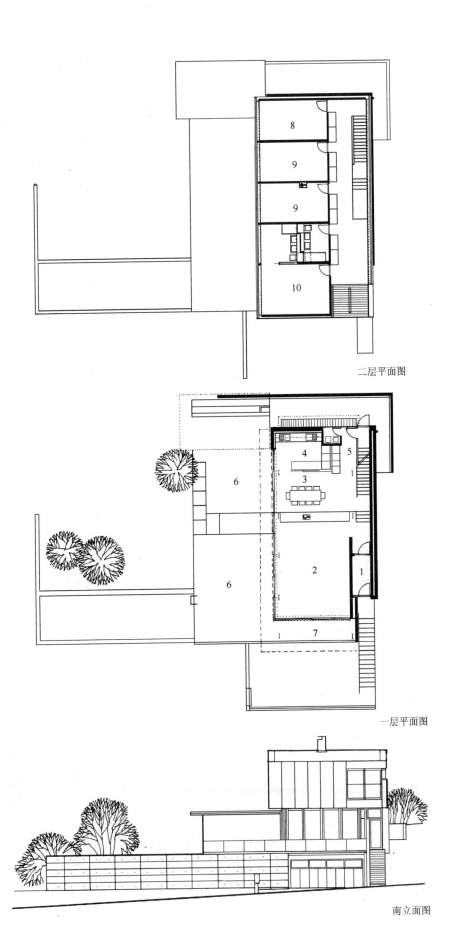

二层平面图

1—入 口
2—起 居 室
3—餐 厅
4—厨 房
5—藏 衣 室
6—坡 地
7—露 台
8—客 人 房
9—卧 室
10—主 卧 室

一层平面图

南立面图

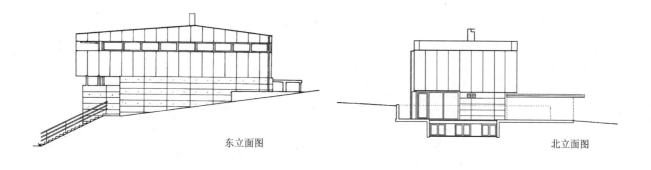

东立面图 　　　　　　　　　　　　　北立面图

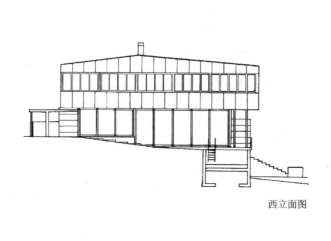

西立面图

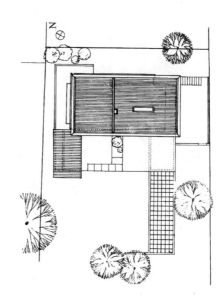

总平面图

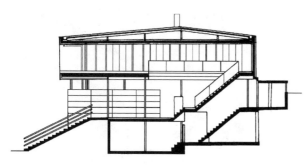

剖面图

住宅外景(彩图73)

赞德住宅　Zehnder House　瑞士

　　建筑师为丹尼尔·马昆斯(Daniele Marques)，住宅建于瑞士。基地坐落在一块坡地之上，南面比较开阔。可以俯瞰谷底并眺望远处的山峦。这一区段内全部是独户住宅，每户基地的面积不大且形状相对规整。赞德住宅代表了这一区段内住宅的主要特点。住宅在坡地上通过楼梯组织空间，形成比较丰富的空间层次和序列。住宅以双坡顶为主要的体形特征，运用铝板为外墙材料，外观抽象而简洁。室内以桃木制作家具和储藏柜。通过双坡顶和木构家具有节制地表达了传统特征。住宅基地面积910m²，建筑面积230m²(彩图73、彩图74)。

44．美蒂奇住宅

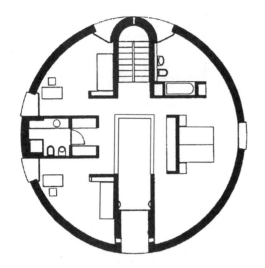

三层平面图

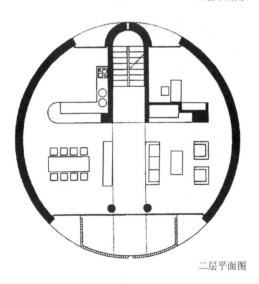

二层平面图

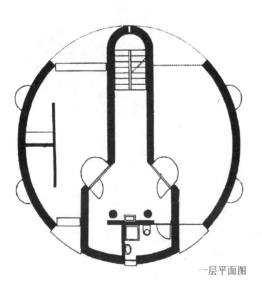

一层平面图

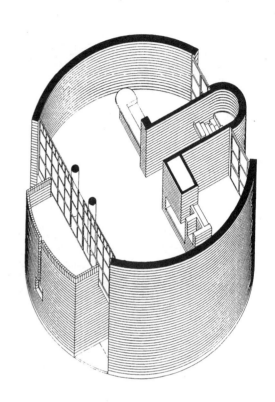

轴测图②

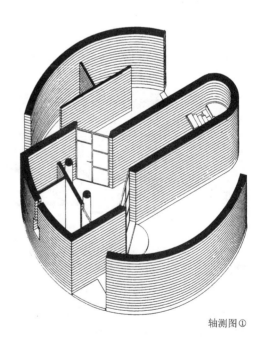

轴测图①

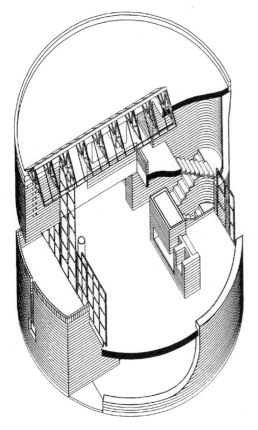

轴测图④

美蒂奇住宅1980～1982年　瑞士蒂奇诺　斯塔比奥

建筑师为马里奥·博塔。住宅基地在不知名的、几乎还未开发的斯塔比奥,周围的建筑几乎没有十分鲜明的特征可以改变或重塑邻里环境。美蒂奇住宅则与众不同,它的体形是简单、单纯的圆柱体,一如既往地反映着宁静、隐忍的博塔风格,并断然否定了可以从周围建筑中可能的借鉴,以一种与周围格格不入的造型语言表明自己与现有环境的距离,并与之形成鲜明的对比。它以一种挑战的姿态使人追问居住的深层含义、建筑的美学需要以及是否从传统的丰富元素中继承建筑语言。住宅的空间布局以一种简单、直白的方式展开功能和空间关系。巨大的柱体南北轴线相对开敞,面向乡野,顶上的天窗也充分强调了南北轴线(彩图75～彩图78)。

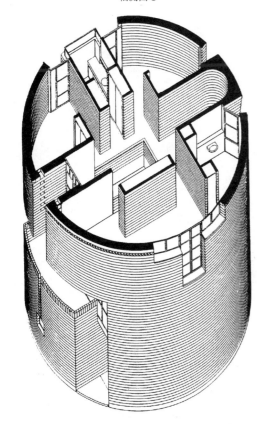

轴测图③

住宅远景(彩图77)

45．独户住宅 I

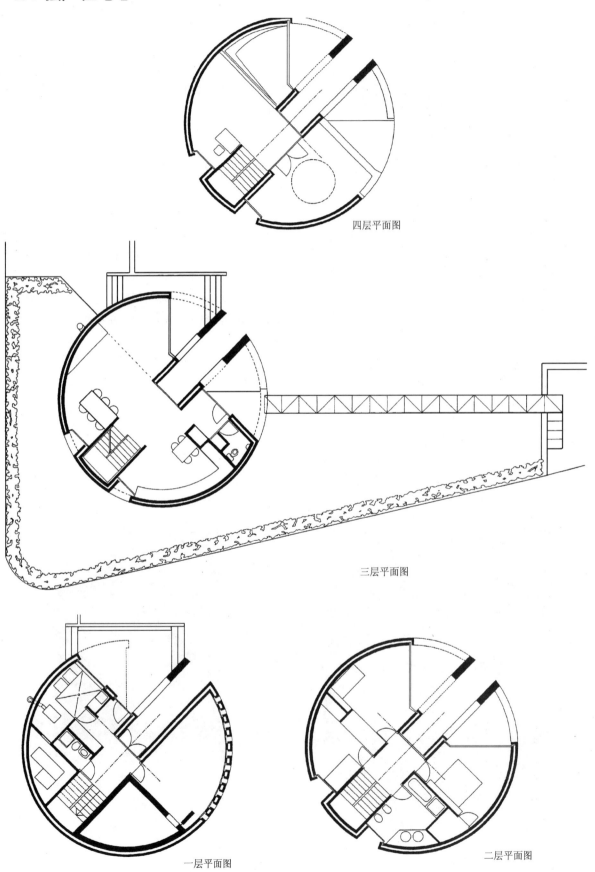

四层平面图

三层平面图

一层平面图

二层平面图

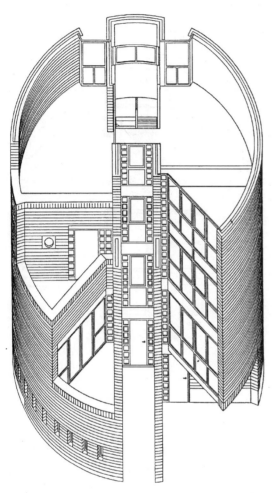

轴测图(一)

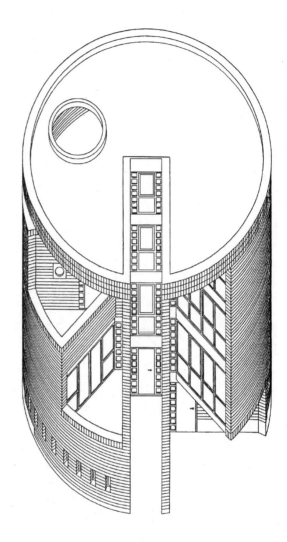

轴测图(二)

住宅外景(彩图 79)

独户住宅Ⅰ　1989 年　瑞士蒂奇诺·洛索尼

建筑师为马里奥·博塔,柱体和曲线是人们对这一作品的第一印象。住宅基地在路边,周围环境比较混乱、嘈杂。建筑师把生活空间包容在一个孤立的四层塔中,以期以自身体形的完整改善环境特征。住宅的底层比较封闭,柱体从上到下逐层开敞,塔体也同时逐层缩进,形成连续的露台,住宅以开敞的部分面对远山。住宅外墙彩条相间,下部的封闭衬托上层的开敞,屋顶沿中线劈成两半,分别由独立的窄墙支撑着。屋顶和窄墙作为边界面,保持了圆柱体的体形特征,使复杂的错落统一在单一形体中,从而达到繁与简的对立统一(彩图 79、彩图 80)。

46．独户住宅Ⅱ

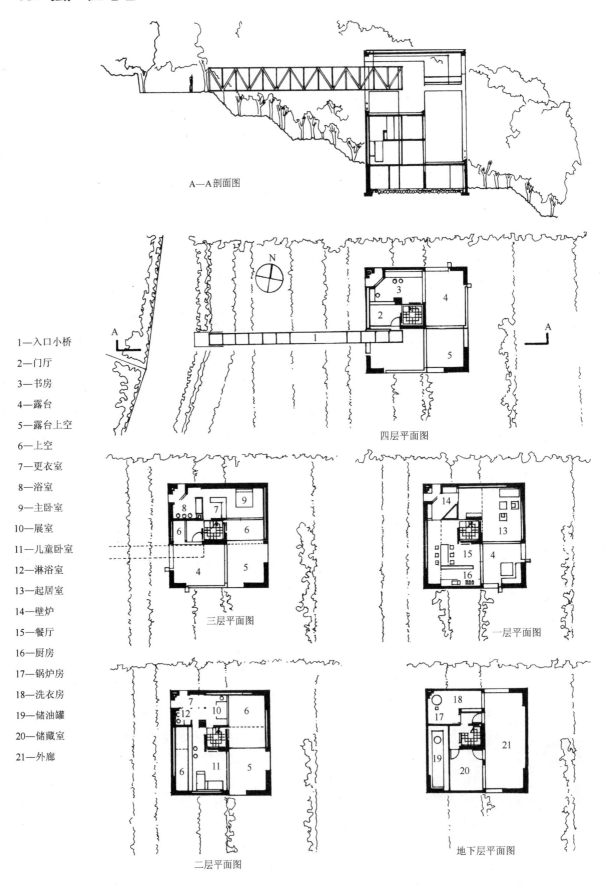

A—A剖面图

1—入口小桥

2—门厅

3—书房

4—露台

5—露台上空

6—上空

7—更衣室

8—浴室

9—主卧室

10—展室

11—儿童卧室

12—淋浴室

13—起居室

14—壁炉

15—餐厅

16—厨房

17—锅炉房

18—洗衣房

19—储油罐

20—储藏室

21—外廊

四层平面图

三层平面图

一层平面图

二层平面图

地下层平面图

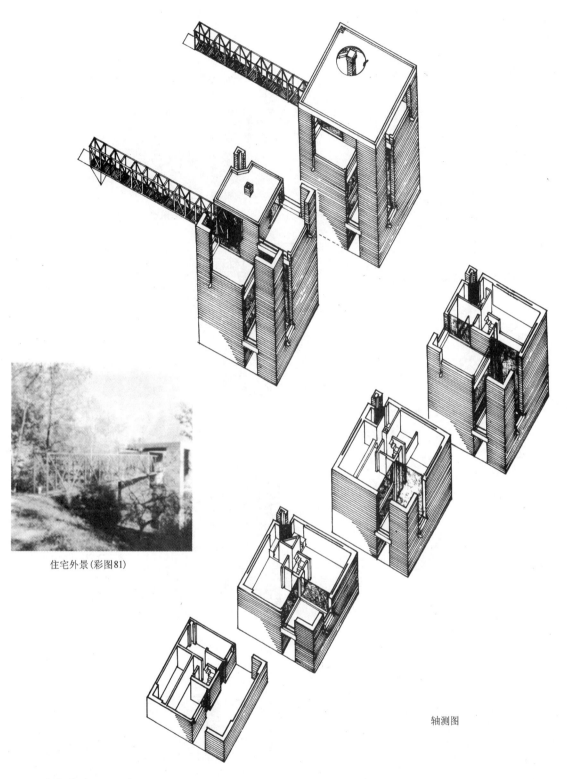

住宅外景(彩图81)

轴测图

独户住宅Ⅱ 瑞士

　　这个独户住宅是马里奥·博塔设计生涯的里程碑,完成于他设计生涯的第十年。建筑冷静地屹立于圣乔治奥山脚,在 Lugano 湖畔,与北侧的古老村庄有一个理想的距离,并以方正的体形与湖对岸的古典教堂对比、对话。建筑是每边 10m 的正方形平面的塔,屹立于 850m² 的基地上,通过漆成红色的 18m 的桥从街道直接进入住宅的上层,并以桥强调了住宅与环境的区别。建筑内部空间沿一系列在塔的周边的空间展开(彩图81、彩图82)。

47．独户住宅Ⅲ

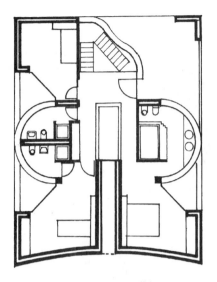

二层平面图

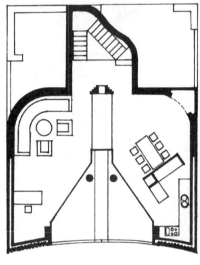

一层平面图

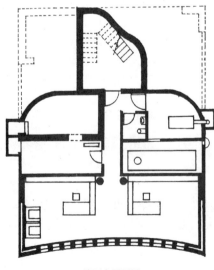

地下室平面图

住宅外景（彩图83）

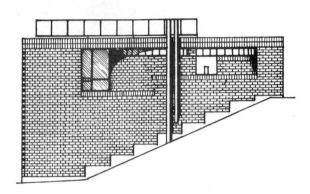

东立面图

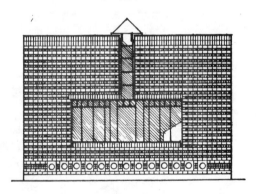

南立面图

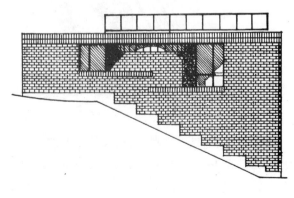

西立面图

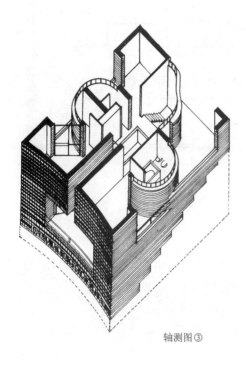

轴测图③

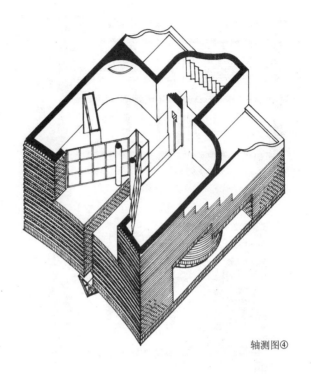

轴测图④

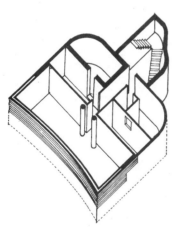

轴测图①

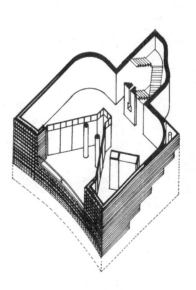

轴测图②

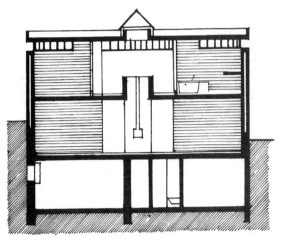

横剖面图

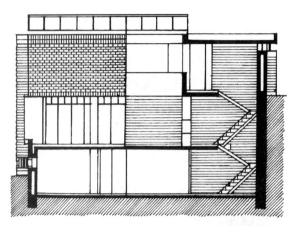

纵剖面图

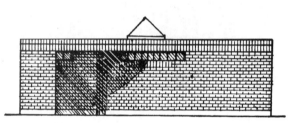

北立面图

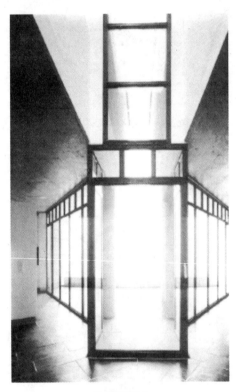

室内(彩图84)

独户住宅Ⅲ　瑞士蒂奇诺

建筑师为马里奥·博塔。住宅位于山脚的缓坡上,似乎希望置根于大地,使自身如同多年的岩石般屹立着。在不同的日光下,住宅的立面可以产生具有表现力的屏幕效果,墙体砌筑交替为银色涂面的光滑砌块以及45°砌筑的立砖,使立面形成有规则的细部设计,同时以减法塑造体形,从而产生宁静的雕塑感。住宅的入口后面,通过带天花的拱廊到达卧室和卫生间,住宅主要的生活空间在二层,最下层是厨房和两个小书房。住宅的内部光线设计十分细腻,同时屋顶上东西轴向的天窗洒下一线窄窄的天光,成为室内最活跃的元素(彩图83、彩图84)。

134

48. 博尼蒂住宅

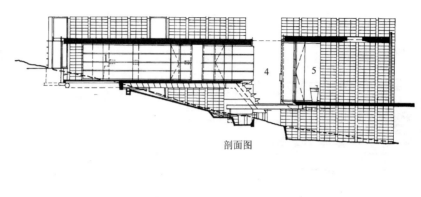

剖面图

1—主卧室
2—卧室
3—工作室
4—入口庭院
5—厨房
6—起居室
7—蒸发池
8—车库

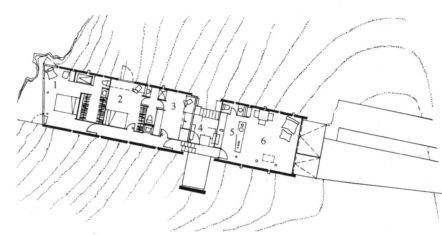

二层平面图

住宅近景(彩图85)

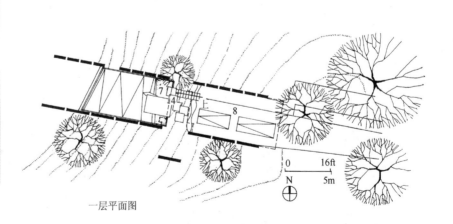

一层平面图

博尼蒂住宅　Burnette House　美国亚利桑那州凤凰城

建筑师为温戴尔·博尼蒂(Wendell Burnette)。这是建筑师为自己家(夫妇和15岁的儿子)设计的,在家中可以俯瞰沙漠风光。基地有坡,建筑在后部嵌入地里,室内空间错层布局,从车库可以直接进入庭院,中间庭院成为公共与私密的中介。设计中重组了最简单的建筑材料:混凝土、玻璃、钢以及砖石,风格独具。南、北侧为高高的混凝土墙,南墙每段2.4m宽,北墙每段1.2m宽,在两侧形成了不同的韵律,同时阻隔了直射光和周围杂乱的景观。玻璃有透明的也有着色的,运用玻璃现场着色技术,使建筑师通过控制玻璃的色彩调整私密度。建筑面积107.8m^2(彩图85～彩图88)。

49．汉斯别墅

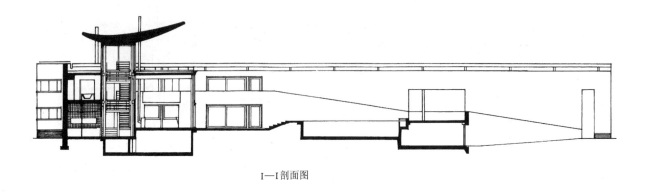

I—I剖面图

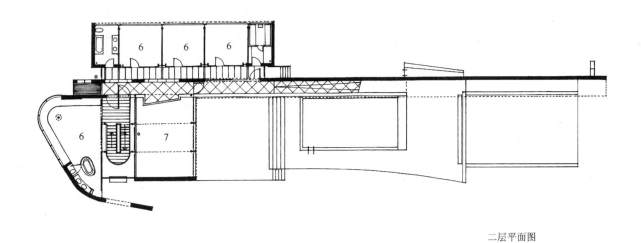

二层平面图

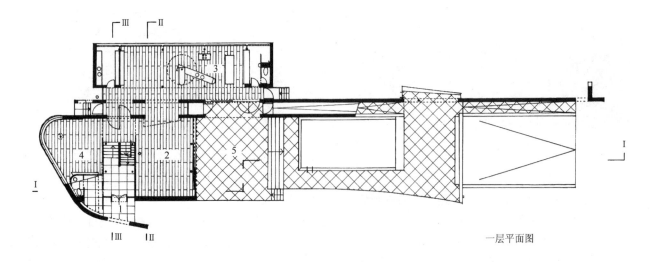

一层平面图

1—入口；2—起居室；3—厨房；
4—书房；5—露台；6—卧室；7—吹拔

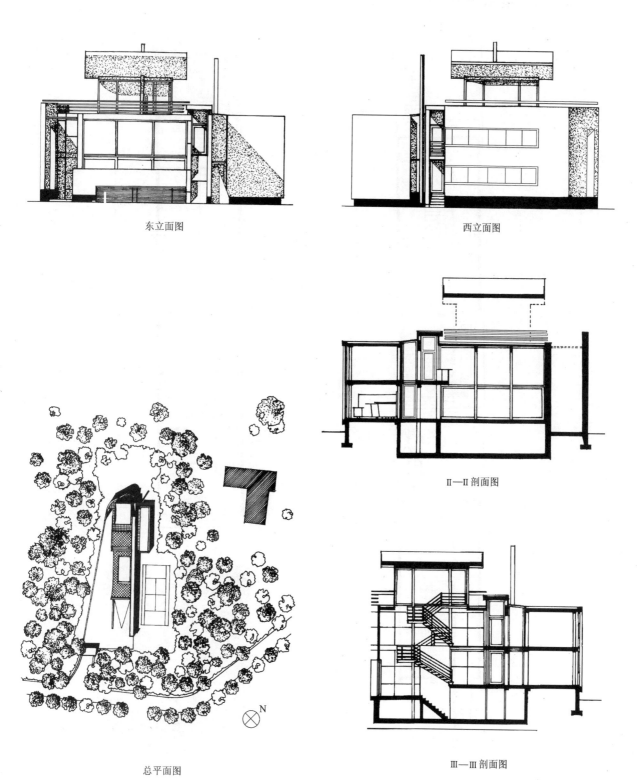

东立面图 西立面图

II—II 剖面图

总平面图 III—III 剖面图

汉斯别墅 Haans Villa 1989年 荷兰

住宅以60m的长墙作为建筑的脊梁,以它作为构图的中心。墙的两侧分别布置了不同功能的部分,建筑的空间序列沿墙展开,人的步行轨迹的第一个停顿是通往网球场和游泳池的平台;第二个停顿在起居室,第三个停顿在造型精制的楼梯,这里与二层相连,并被从曲面屋顶洒下的天光照亮。建筑造型简洁,屋顶的形态具有强烈的雕塑性,似乎借鉴了柯布西埃和瑟特的某些手法(彩图89、彩图90)。

50．科隆建筑师之家

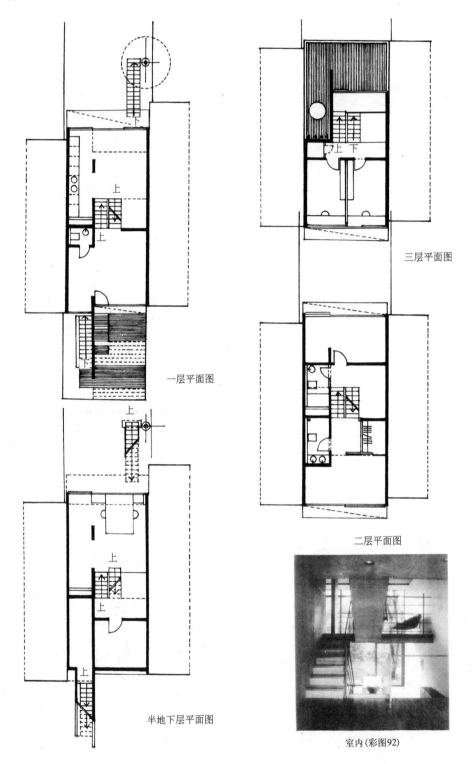

三层平面图

一层平面图

二层平面图

半地下层平面图

室内(彩图92)

科隆建筑师之家　Architect's House in Cologne　德国科隆

自二战以来的科隆,在废墟上新建的建筑与未毁的建筑之间留下4800多个缝隙。这个建筑师自邸的基地就是这样的一个5m宽的狭长缝隙。建筑依基地的高差在室内形成错层的布局,前后相差半层,空间通透,分割灵活。建筑的外观以玻璃与钢铁为材料塑造,色彩鲜明,风格突出(彩图91～彩图93)。

51．布拉蒂斯拉瓦别墅

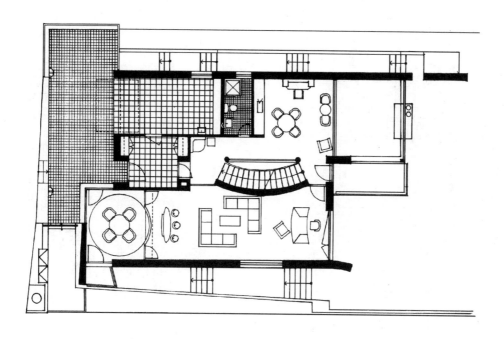

三层平面图

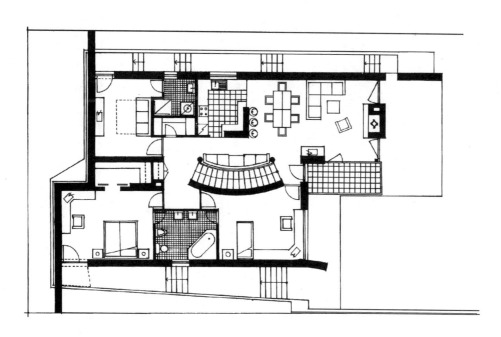

二层平面图

布拉迪斯拉发别墅 Valla in Bratislava 斯洛伐克

建筑师为 Josef Ondrias and Juraj Zavodny。建筑师受二、三十年代现代主义建筑形态的影响，在构成方式、技术品质和建筑精神等方面追随现代主义的设计风格，同时又具有一定的时代特征。基地是一块坡地，别墅形式与布局由土地的特征而决定，自由而宏伟。一部微弯的楼梯联系左右部分，在规整中引入自由而活泼的元素。建筑色彩采用调和的蓝色和粉色，因基地的坡度，从街面方向看两层、从花园看四层，在设计手法上与迈耶的道格拉斯住宅有相似之处。建筑面积 400m²（彩图 94、彩图 95）。

52. 考夫曼住宅

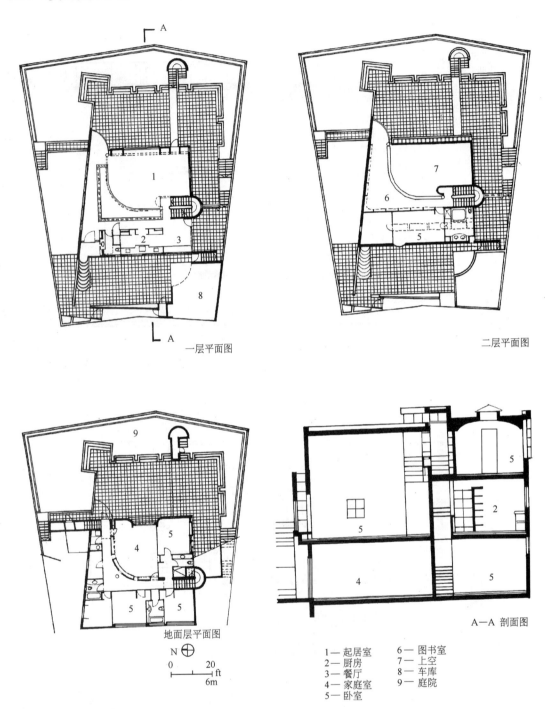

一层平面图

二层平面图

地面层平面图

N ⊕

0   20 ft
6m

A—A 剖面图

1—起居室   6—图书室
2—厨房   7—上空
3—餐厅   8—车库
4—家庭室   9—庭院
5—卧室

考夫曼住宅　Kauffman House　以色列特拉维夫

建筑师为 Ada Karmi-Mekamede。建筑通过流线的设计有序地区分了公共、半公共、私密、半私密空间的等级。建筑师首先利用基地周边的围墙确立了内外空间的明确界限，同时在院中设计层层平台确定半公共的空间界限和层次。在室内空间的塑造上，弧线形跑马廊围绕的两层高的天井形成半私密空间，这条弧线如同室内的街，引人通往私密空间。建筑师认为建筑中的中性空间是最重要的，她在设计中加宽了室内街的宽度，又沿着长边在中点设一柱子，以求为家人限定交往空间；另外的中性空间是室内的厚墙，建筑师在其中嵌入座位，形成更为多样的空间层次。建筑造型遵循了现代主义的设计传统和手法（彩图96、彩图97）。

53．哈那斯住宅

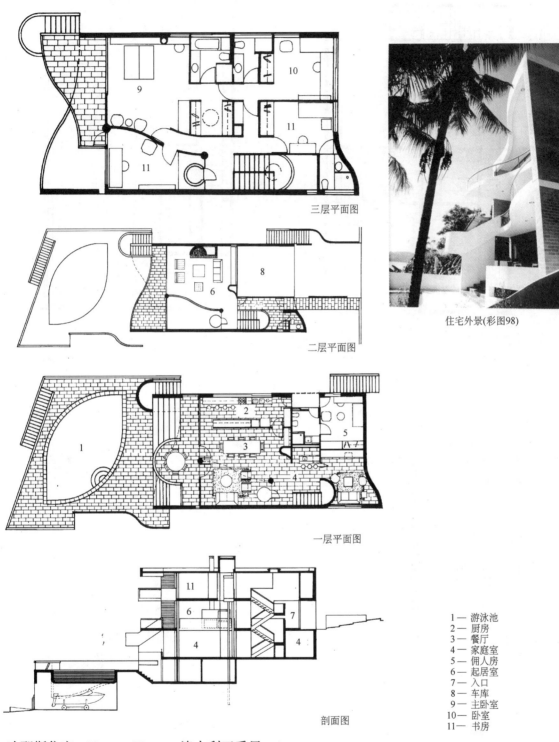

三层平面图

二层平面图

住宅外景(彩图98)

一层平面图

剖面图

1— 游泳池
2— 厨房
3— 餐厅
4— 家庭室
5— 佣人房
6— 起居室
7— 入口
8— 车库
9— 主卧室
10— 卧室
11— 书房

哈那斯住宅　Hannes House　澳大利亚悉尼

住宅的水畔基地面向悉尼港北侧的支港,基地很窄但很宁静,从这里还可以眺望对岸的高尔夫球场和草场,很难相信这样宁静的场所和自然景观距离悉尼市中心仅 10 分钟的车程。住宅的居住功能分布在三层内,由于基地有坡,车库、入口和主要起居室设在中间一层;所有的卧室在三层,首层可以与户外的游泳池相连,游泳池下有停放游艇的空间。住宅室内三层以天井相通,形成丰富的室内空间层次。在外观上,住宅单调的矩形结构通过挑出的阳台而丰富,同时阳台也成为最好的遮阳板,并随太阳角度的变化形成动态变幻的光影(彩图 98～彩图 100)。

54．李住宅

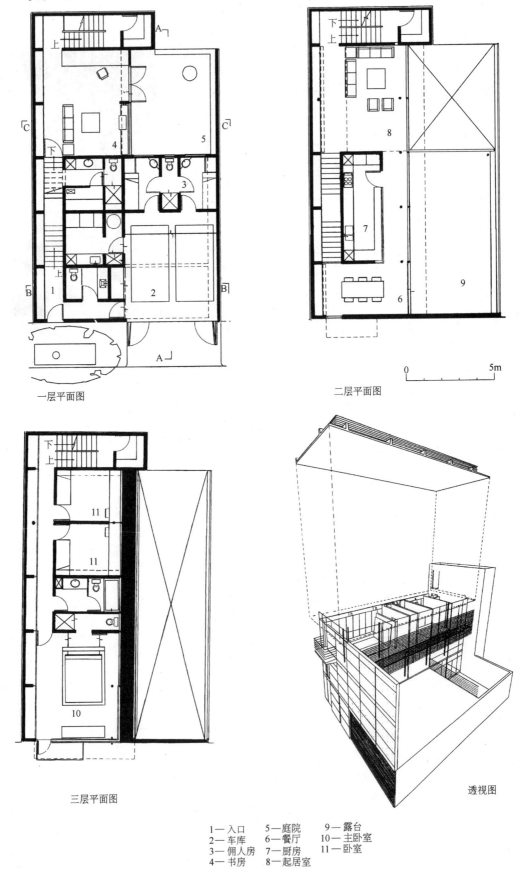

一层平面图

二层平面图

0   5m

三层平面图

透视图

1—入口   5—庭院   9—露台
2—车库   6—餐厅   10—主卧室
3—佣人房   7—厨房   11—卧室
4—书房   8—起居室

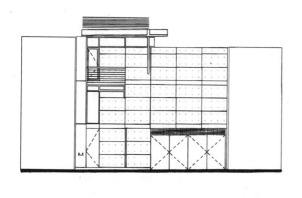

立面图

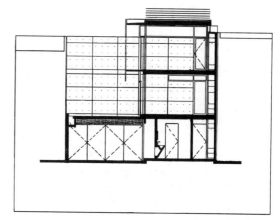

B—B 剖面图

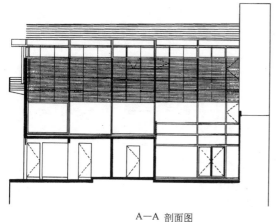

A—A 剖面图

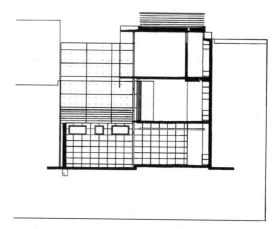

C—C 剖面图

李住宅　le House　1995　墨西哥

设计者为 Ten Arquitectos 事务所。住宅基地位于墨西哥城内的密集而嘈杂的城市住宅区内,基地 10m×17m,有缓坡,住宅建筑与相邻建筑共用部分外墙。住宅是三层的独户住宅,短边面向街道,与周围的建筑形成连续的街景。在布局上,住宅沿长边分成三个部分,即主要居住空间、露台以及庭院。庭院使住宅有了面向南面的开窗,并成为街道和庭院间的缓冲。由于基地条件的限制和有限的建筑预算,使平面布局非常理性、直接,住宅平行建筑的长轴形成不同的区域,第一条平行线是由木材制成的储藏空间,与之平行的是交通空间,第三条平行线布置主要的起居空间,第四条平行线布置辅助空间和庭院,第五条平行线是南面的与外界相隔的院墙,由此一系列平行的空间体系形成明确的而有秩序的空间组织。建筑体形和立面处理简洁大方,建筑上层面南的部分以木搁栅包在玻璃墙的外面,以形成丰富的光影,并阻隔午后强烈的日照。在建筑材料的使用上,在室内和室外连续使用相同的材料,进一步形成空间的渗透(彩图101)。

住宅外景(彩图101)

55．古濑邸

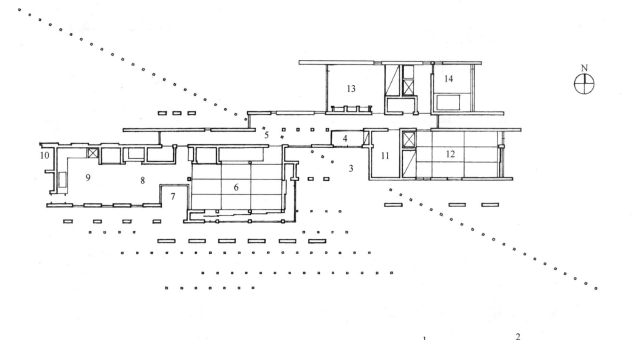

平面图

1— 大门；2— 停车；3— 小径；4— 入口；5— 走廊；6— 起居室；
7— 光庭；8— 餐厅；9— 厨房；10— 储藏；11— 贮藏室；12— 卧室；
13— 书房；14— 卫生间

外景(彩图102)

夜景(彩图103)

古濑邸　Furuse House　日本

由相田武文设计。基地 30m×30m，北面有山和河流，建筑位于基地的中央。住宅是一个东西轴向的一层条形木构建筑，墙与柱相互平行，之间有多重的空隙。墙上的开洞形式和尺寸以及墙体本身的布局限定了空间的方向和空间流动的方式，同时使室内外空间相互交融。如同中国画中的"计白当黑"，建筑中所留的空隙使建筑空间产生了丰富的韵味(彩图102、彩图103)。

56. 东京私人住宅

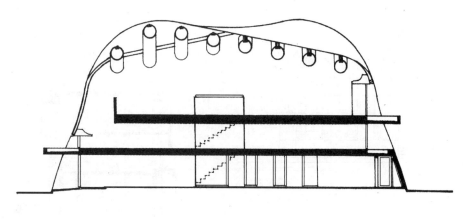

剖面图

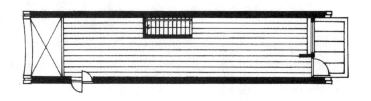

三层平面图

二层平面图

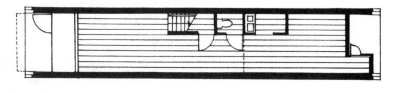

一层平面图

东京私人住宅　Private House in Tokyo　日本东京

住宅位于东京的一块狭长的基地上,基地周围是密集的建筑。业主渴望住宅能给他创造一种安静的私人生活,并具有丰富的光线和空间。建筑师以覆有荧光树脂的玻璃纤维膜为材料,运用于曲线的屋顶和前后墙,形成了动态的空间效果和奇异的光影效果。建筑造型奇特,晚上如同一个萤火虫在夜空里闪烁(彩图104、彩图105)。

57．积木之家

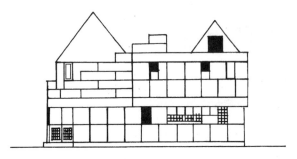

南立面图

东立面图

二层平面图

西立面图

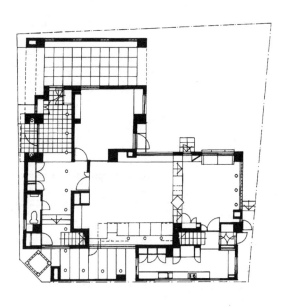

一层平面图

北立面图

146

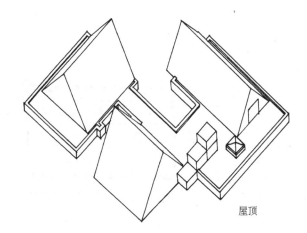

屋顶

住宅外景(彩图 106)

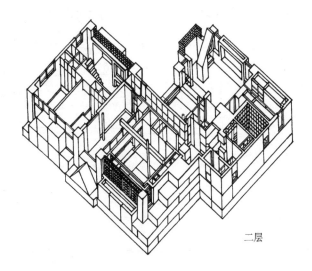

二层

积木之家　日本

　　建筑师为相田武文,他 1966 年获早稻田大学工学博士,1967 年开设相田武文建筑师事务所。他的作品充满了戏剧性,所用的设计手法不是借鉴传统和继承文脉,而是一种虚构的、抽象的戏剧性。模仿"形式追随功能"的口号,他提出"形式追随虚构",主张建筑师应该凭借主观直觉和激情进行设计,强调建筑形式的随意性。"积木之家"是他设计思想的具体表露。在他的作品之中,相田像儿童搭积木一样,把各种原形——三角形、圆柱体、半圆锥体、阶梯形、立方体和长方体随意组织,形成独具特色的建筑形态。"积木之家"。是为音乐家及其家人设计的住宅,造型以搭积木的手法组合成二层的建筑,同时在建筑上运用装饰性的分割线,以及对积木单元随意地涂以颜色来加强积木建筑的效果(彩图 106、彩图 107)。

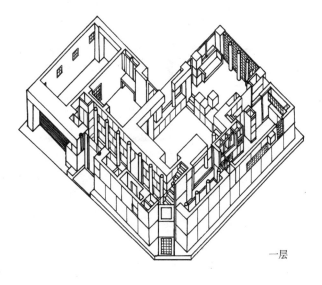

一层

轴测图

58. Iwasa 住宅

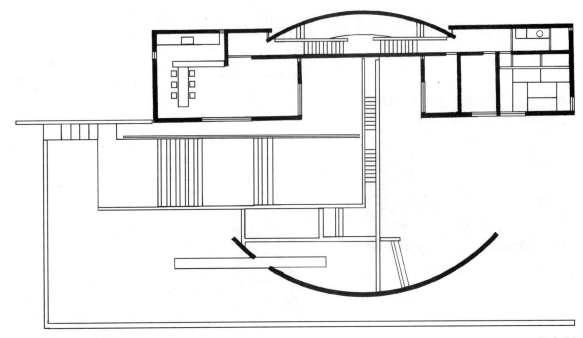

二层平面图

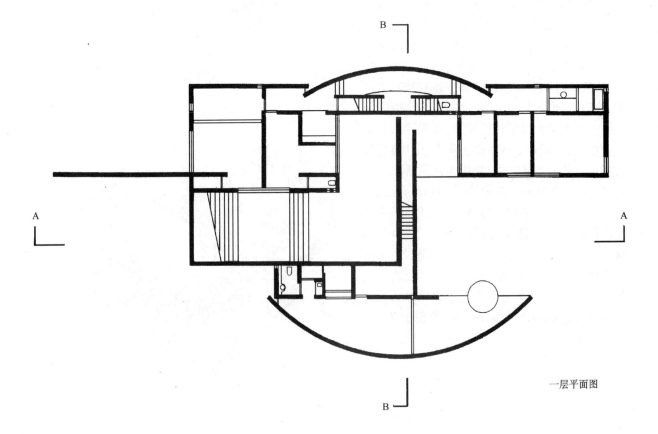

一层平面图

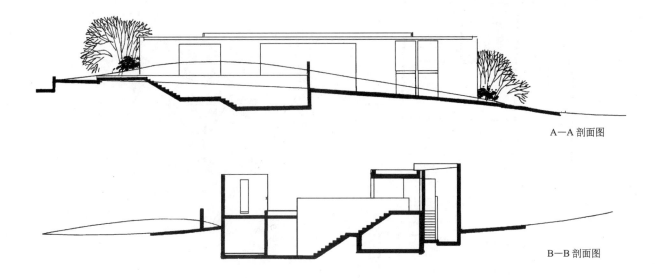

A—A 剖面图

B—B 剖面图

住宅外景(彩图108)

Iwasa 住宅　1990 年　日本

安藤忠雄 1941 年生于日本大阪,没受过正规的建筑教育,通过在欧美的建筑考察和对柯布西埃及路易·康作品的分析形成独特的建筑观念和手法。1969 年建立安藤忠雄建筑师事务所。他在作品中运用混凝土与玻璃材料,外观简洁、质朴,但空间丰富而生动。他继承了现代建筑的精髓,常使用最基本的几何图形——正方和圆作为构图的基本元素,在他的建筑中流动着日本的精神气质。他讲究光对空间的塑造作用,自然元素如阳光、空气、风、雨常常不仅是建筑的背景,而且是建筑不可缺少的组成部分。他以精炼的手法和纯净的空间,形成他独具特色的日本味极强的建筑风格。

这是安藤忠雄为他的一个旧作所作的增建,主人需要增建一套客房。基地位于国家公园中的一块坡地上,老建筑是一个中间被弧墙打断的方盒子,半埋在地下。在基地的北面,安藤设计了埋在地下的客房部分,地上仅留下一片弧墙和一个穿过弧墙的小桥,以求不破坏森林公园的视觉景观。建筑内部通过不同位置的楼梯形成了丰富的空间序列,曲墙与天光在室内产生了变幻的光影效果(彩图108、彩图109)。

59. Kidosaki 住宅

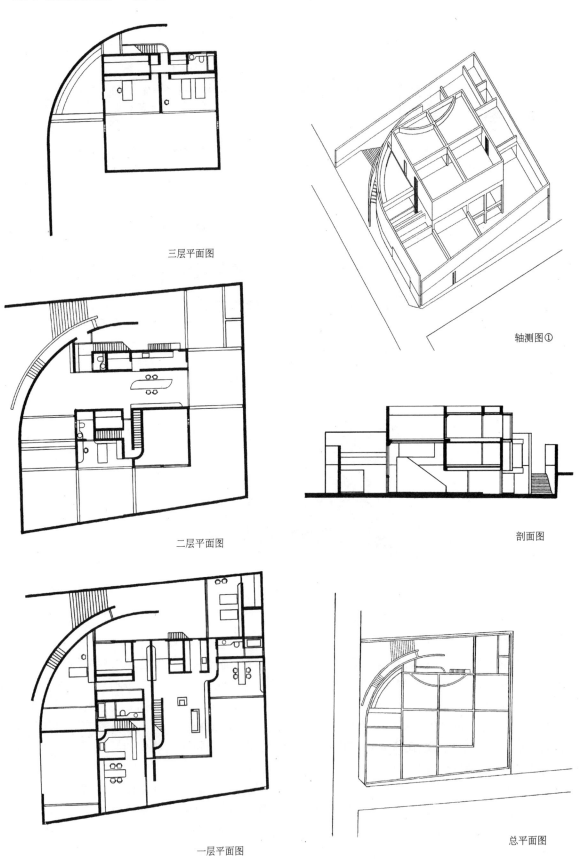

三层平面图

轴测图①

二层平面图

剖面图

一层平面图

总平面图

150

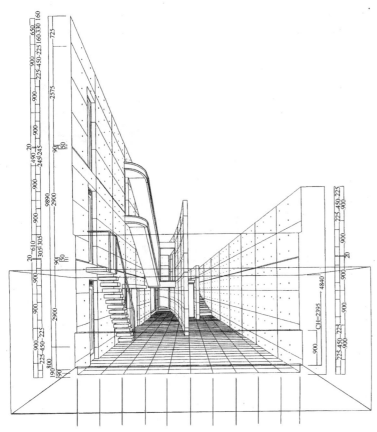

透视图

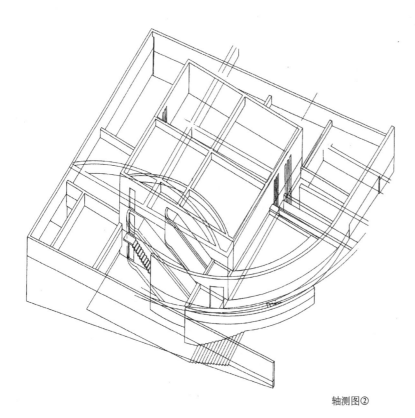

轴测图②

住宅鸟瞰(彩图 111)

Kidosaki 住宅 1986 年日本东京

这是安藤忠雄的一个作品。住宅位于一个宁静的东京住宅区,是为一对夫妇及他们各自的父母共同居住而设计,它采用了多单元集合住宅的设计手法,使每个家庭保持各自的独立性和私密性,同时三个家庭又可能共同生活。整个住宅的居住空间包容在一个 12m×12m 的正方体中,沿地界以一条弧墙包围着建筑,正方体的位置正好偏离基地的中心,在基地的南、北侧让出空地,北面的空地是进入住宅的入口,南面作为庭院,这两个空间是住宅与周围环境间的缓冲,其作用是保护住宅的私密性,同时又使住宅中引入自然元素。住宅的首层有两个单元,一东一西,共同面向南面的庭院,东面的单元在中心的位置,围绕着两层高的起居室,这里是与年轻夫妇的单元的联系空间。二层也有独立的起居室、餐厅、阳台、卧室及书房。三层的部分由混凝土墙包围,是私人的室外起居空间,沐浴在阳光和清风之中,庭院及露台提供了不同层次的室外空间,给予居住者以不同的空间体验(彩图 110、彩图 111)。

60. I 住宅

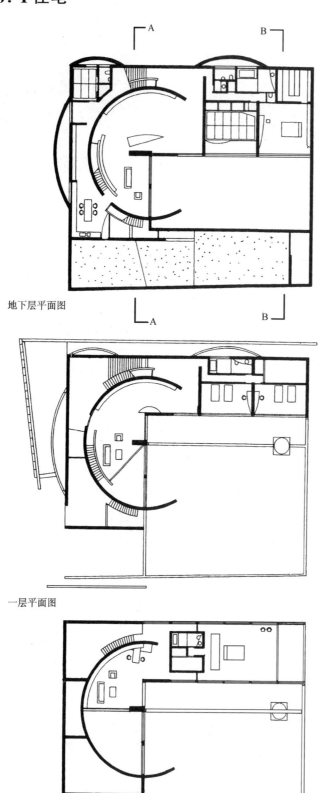

地下层平面图

一层平面图

二层平面图

住宅外景(彩图112)

I 住宅　I House 1988　日本
这是安藤忠雄的一个作品。
住宅位于一个宁静的高级居住区
内,基地四周有优美的桃林,并可
以眺望远处的大海。住宅是为一
对老夫妇及他们的儿子夫妇而设
计,尽可能提供两对夫妇及他们
的客人以充分的私密性。尽管两
对夫妇相对独立,在设计中也使
他们的生活有机会交织。住宅沿
基地设外墙,整个建筑呈"L"形布
局,一个圆柱形的体量是构图的
中心,位于基地的西面,住宅的一
字形的部分覆以六分之一圆的拱
顶。基地的其他部分是由围墙包
围的庭院,圆柱体面向庭院开敞,
圆柱体内的多层通高的空间是建
筑的主要联系空间。住宅的地下
层为餐厅、厨房、起居室、和室以
及老夫妇的卧室。客房和门厅在
一层,儿子夫妇的生活空间在二
层。住宅的各个主要房间都面向
庭院,庭院中春季盛开白色的花,
四时景色不同(彩图112、彩图
113)。

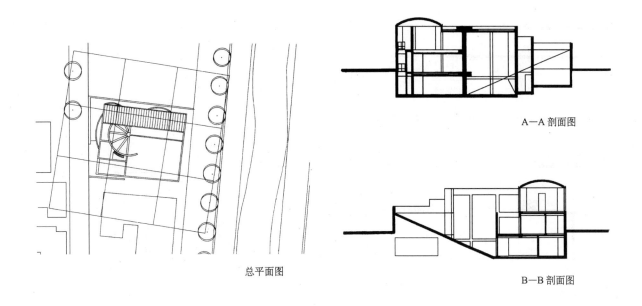

总平面图

A—A 剖面图

B—B 剖面图

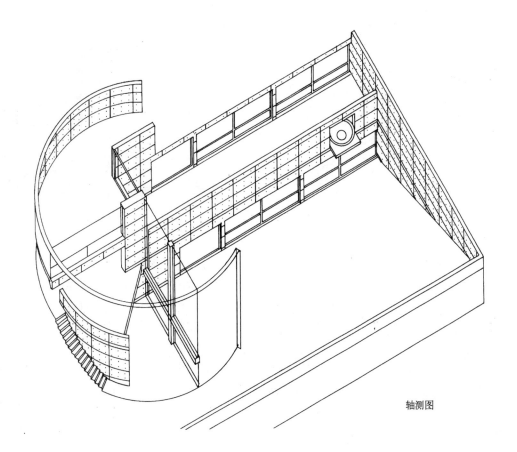

轴测图

61. 住吉的长屋

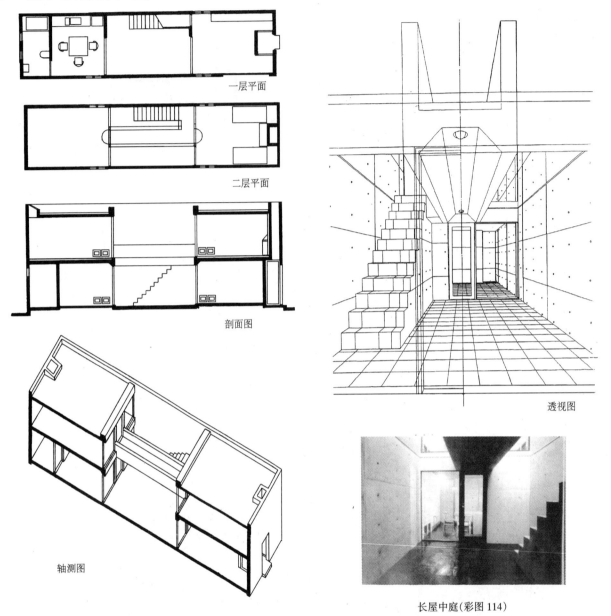

一层平面

二层平面

剖面图

透视图

轴测图

长屋中庭(彩图 114)

住吉的长屋　日本大阪

"住吉长屋"是安藤忠雄的成名作。曾获日本建筑学会奖和阿尔托奖。它建于大阪市中心的一块狭长的基地上,为了回避嘈杂的环境,保证建筑的私密性,建筑对外完全封闭,仅留进出的宅门,这混凝土的盒子成为心灵的庇护所。建筑的中央设中庭,各个房间均面向中庭,同时中庭中的室外楼梯和天桥联系各个楼层。连续的动线在中庭处中断,迫使居住者必须时常通过中庭并在这里感受自然,体味风霜雨雪的变幻。中庭的设计手法使人不禁想起安藤所推崇的万神庙穹顶中央的圆洞,万神庙的圆洞象征神的世界与人的世界的联系,而安藤的中庭在人与自然之间建立一种对话关系。安藤说"在箱形几何学外观的背后,插入了中庭,使内部空间产生矛盾。现代建筑是排除这种矛盾的……住吉长屋在合理的现代建筑形态中加入这种矛盾。在现代建筑中,机能空间流畅的连续是一般原则,但在此把作为建筑外部的中庭放入了建筑内部,机能的连续由于中庭的介入而中断。这种不连续性的趣味是打动人的重要因素"(彩图 114、彩图 115)。

62. Atelier 住宅

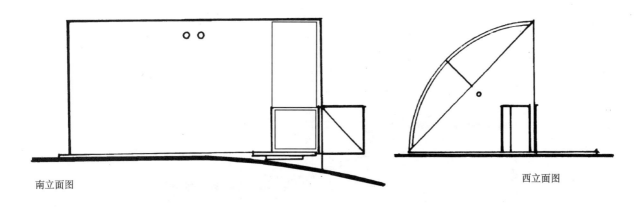

南立面图

西立面图

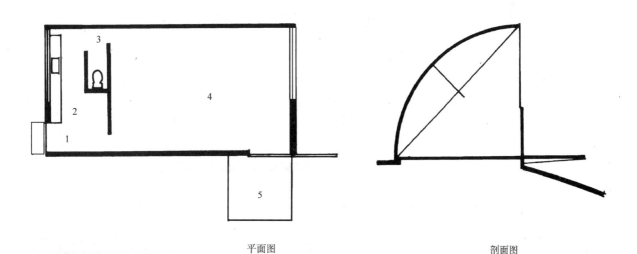

平面图

剖面图

1—入口；2—厨房；3—卫生间；4—多功能房间；5—露台

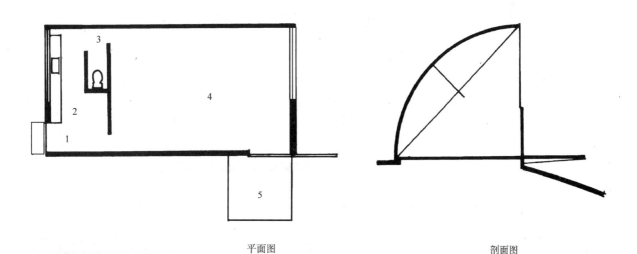

住宅外景（彩图116）

Atelier 住宅　1998年　日本

住宅由 Toru Murakami 事务所设计。住宅坐落于 Hiroshima 东南 7km 的一个小山顶上，这里可以俯瞰濑户内海的风光，周围是为了保护现存地貌和植被的自然公园，从基地可以欣赏 270°视野的景色。住宅设计呈严格的几何形，一个直角三角形和一段弧形是围合建筑空间的基本造型元素，并以有效的方式用最少的建筑材料和建筑体形创造了最大面积的墙面和室内空间。建筑细部和节点细腻精制，墙体与屋顶之间的不锈钢架减少了屋顶在风压下的扭曲，精巧的固定支架使大块玻璃可以推拉。住宅以内敛的形式、最简单的形体反衬环境，以日本建筑特有的精神，表达了虚无感和无时空感。同时利用光以及周围的环境片段作为建筑内部元素，以最少表达了最多（彩图116、彩图117）。

63．光中的六柱体

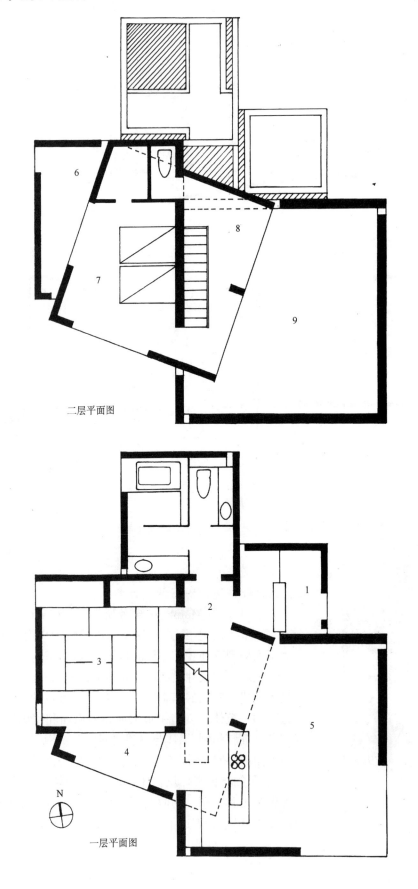

二层平面图

一层平面图

1—入口
2—厅
3—和室
4—平台
5—起居室、餐厅
6—阳台
7—卧室
8—展室
9—上空

N

156

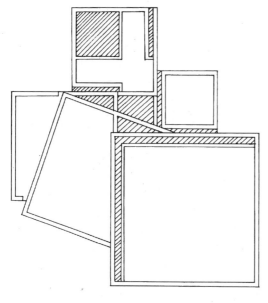

屋顶平面图

西立面图

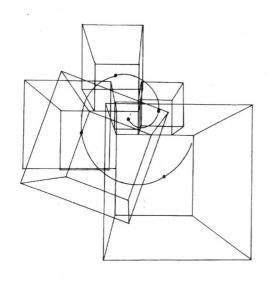

空间组合分析图

模型(彩图118)

光中的六柱体,日本

建筑师叶祥荣,1940年生于日本熊本市,他的作品形式简洁,但细部设计精致细腻,表现了对工业技术的信赖。他欣赏密斯的建筑风格,在设计中追求纯净、精美,运用混凝土、玻璃、金属等材料,塑造了独特而有韵味的空间效果。他认为建筑不仅是欣赏的对象,而且是人与自然之间联系的纽带,在他的作品中自然因素如风、光等都成为表现空间的手段。他为建筑效果的统一,对家具、灯具等也精心设计,精致讲究而且韵味独具。

这是叶祥荣探讨光与空间的一个作品。他把六个正方体(棱长尺寸分别为2、3、4、5、6、7m)如同零件一般以螺旋布局组织在一起,彼此相接或贯穿,并相应形成不同面上的开口。混凝土体块的外观相对厚重而封闭,但室内通过各种等级和色彩的光——自然光、反射光、天窗的天光——塑造了丰富的空间层次,各种光源使室内舒适而明亮(彩图118~彩图120)。

64．W 住宅

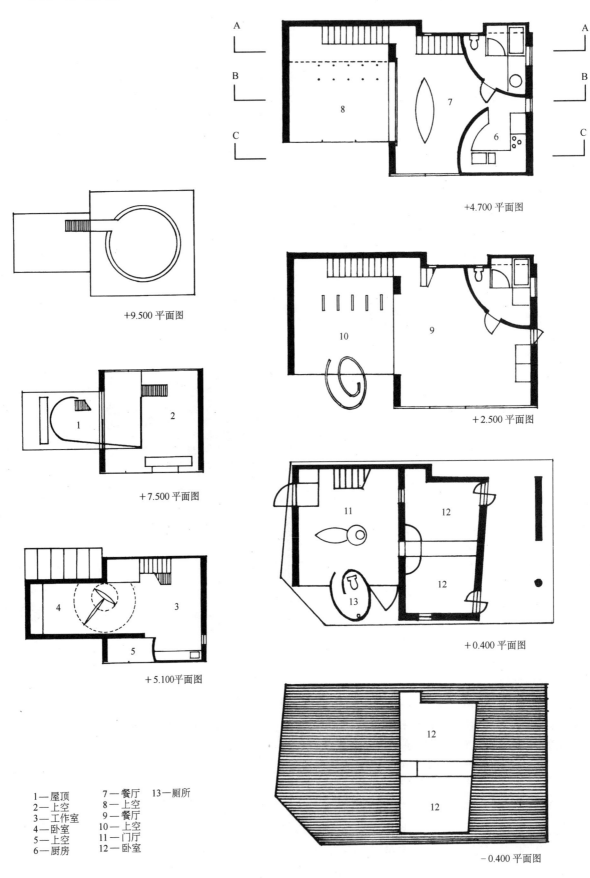

+4.700 平面图

+9.500 平面图

+7.500 平面图

+5.100平面图

+2.500 平面图

+0.400 平面图

-0.400 平面图

1—屋顶　　7—餐厅　　13—厕所
2—上空　　8—上空
3—工作室　9—餐厅
4—卧室　　10—上空
5—上空　　11—门厅
6—厨房　　12—卧室

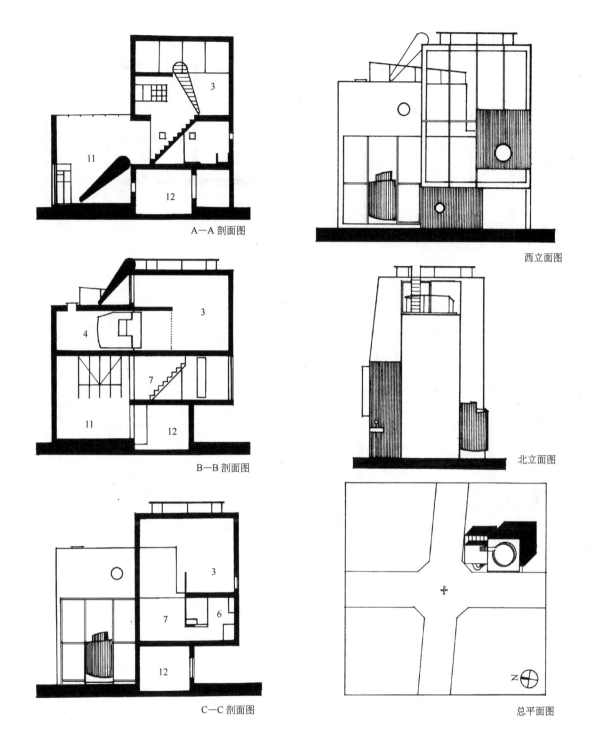

A—A 剖面图

西立面图

B—B 剖面图

北立面图

C—C 剖面图

总平面图

W 住宅　W House　日本

　　这是一个被作为艺术品设计的建筑,建筑师为入江经。基地位于城市中心住宅区的街角,以一对相连的预应力混凝土盒子组成,建筑中漂浮着一些像小附件一样的元素。从入口进入一个两层高的门厅,在曲墙中是个小卫生间。从飞出的悬臂楼梯可进入餐厅,以及包在 1/4 圆内的像附件一样的厨房。再上层是艺术工作室,它通过一个可旋转的门与卧室相连,一部分屋顶挑入工作室内,又形成一个小空间。建筑造型复杂活泼(彩图 121、彩图 122)。

65．Y 住宅

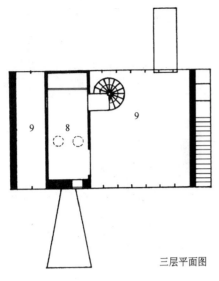

三层平面图

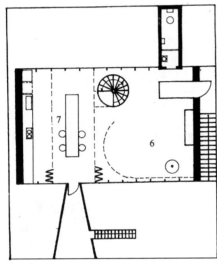

二层平面图

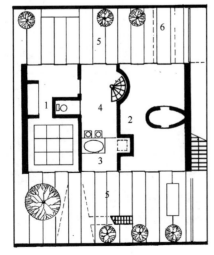

一层平面图

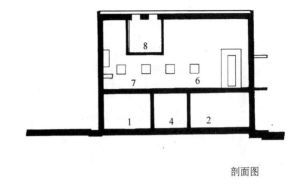

剖面图

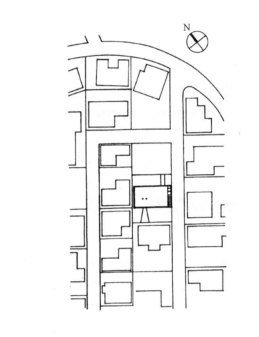

总平面图

1—卧室　　4—家务室　　7—厨房、餐厅
2—儿童室　　5—露台　　　8—客人房
3—浴室　　　6—起居室　　9—上空

Y 住宅　Y-house　日本胜浦市

建筑师为以空灵见长的妹岛和世。在她的建筑中反映了对轻浮感和透明感的极度追求，并使密斯的均质空间得以新生。住宅建于距东京1.5小时火车车程的千叶县胜浦市。基地位于高密度地区，形状方正。建筑主体位于基地的中心，两个平台设于东北和南面，以求形成最优的采光和通风效果，并与邻居间隔适当的距离，同时留有发展用地。一层不设走廊，可以由两侧的平台直接进入。客人房吊在起居室顶上，限定了餐厅的高度，并在起居室中形成丰富的空间高度和层次（彩图123～彩图126）。

66. 纸板住宅

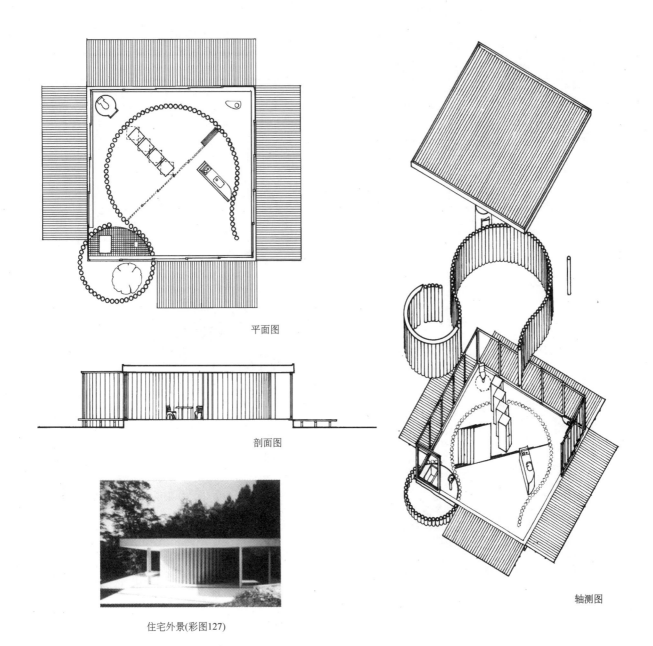

平面图

剖面图

住宅外景(彩图127)

轴测图

纸板住宅 House of Paper　1995 年　日本山梨县

　　设计:板茂建筑。这是建筑师一系列尝试以纸为建筑材料的作品中的一个。建筑以再生纸筒为建筑基本元件,以 110 个纸筒(每个纸筒高 2.7m、直径 28cm、厚 5cm)在 10m×10m 的正方形内外组合成 S 形,分别限定了起居空间和浴室,以及一个小庭院。正方形一角的大纸筒中是厕所,直径 123cm。纸筒间彼此分开一个不大的距离,使之既成为视觉屏障,又可以透过一定的光线。晚上,住宅能由可以滑动的幕布分成两个卧室。住宅的屋顶由纸筒支撑。基地面积 499m^2,建筑面积 100m^2(彩图 127、彩图 128)。

67. 家具住宅

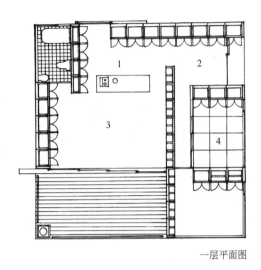

一层平面图

剖面图

1—入口
2—厨房
3—起居室
4—和室

家具隔墙(彩图129)

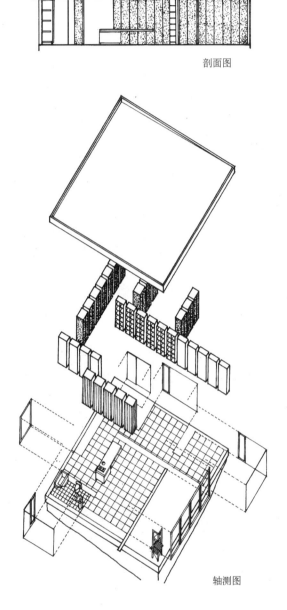

轴测图

家具住宅　House of Furniture　日本山梨县

　　设计:板茂建筑。建筑直接由工厂生产出来的与住宅同高的家具(衣柜、书柜和厨房柜等)为建筑材料,根据功能分割空间和结构元素。因为家具和住宅本身的相互结合,可以减少建筑材料、人工和现场建造时间,其结果是降低了造价。结构系统由比普通框架墙略厚的家具为支撑结构,单个家具2.4m高,0.9m宽,0.45m厚的用于书房、0.7m厚的用于其他房间,每件家具重80kg,可以由一个人搬运、布置和固定。比传统墙板优越的是它们可以独立。基地面积562m²,建筑面积111m²(彩图129、彩图130)。

68．太宰府住宅

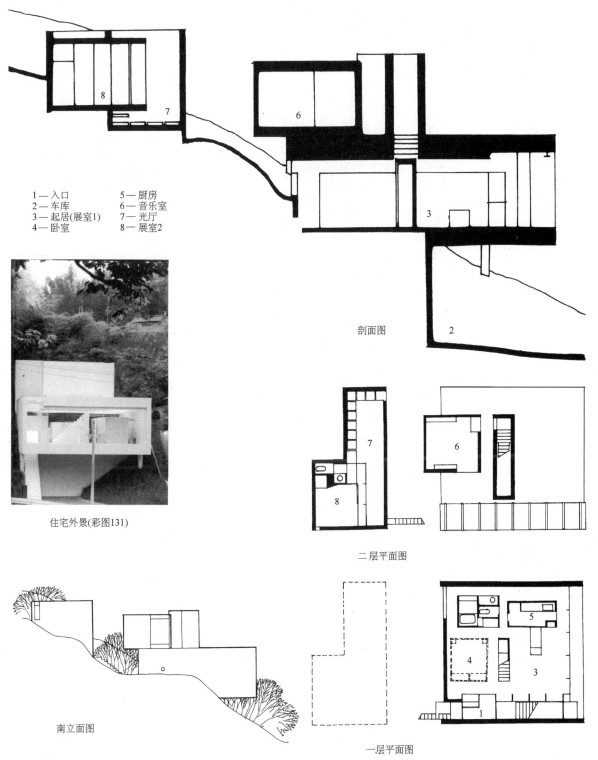

1—入口　　5—厨房
2—车库　　6—音乐室
3—起居(展室1)　7—光厅
4—卧室　　8—展室2

剖面图

住宅外景(彩图131)

二层平面图

南立面图

一层平面图

太宰府住宅　House in Dazaifu　1995年　日本

建筑师为有马裕之。基地坐落于落差10m的坡地上,业主为一对已婚夫妇。建筑由两部分组成,用两个盒子分别容纳公共空间和私密空间。公共空间体形较大、坐落于山坡的中部,内部无柱,以内部设施分割空间,视野开阔,空间舒朗。私密空间半埋在山坡的上部,比较封闭,通过内庭采光。两部分以室外楼梯联系,使自然元素成为空间序列的一部分。建筑基地面积291m², 建筑面积116m²(彩图131、彩图132)。

69. 宝冢住宅

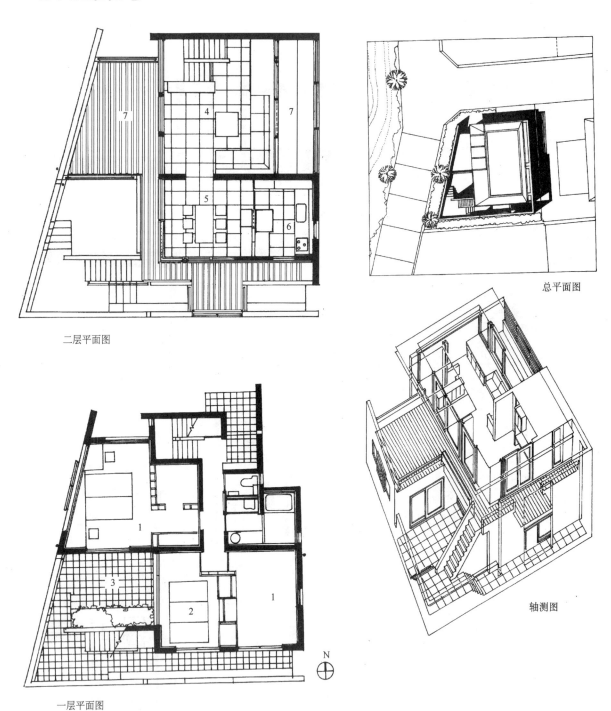

二层平面图

总平面图

轴测图

一层平面图

1—卧室；2—和室；3—院子；
4—起居室；5—餐厅；6—厨房；7—露台

宝冢住宅　House in Takarazuka　日本

岸和郎＋K事务所设计。住宅建于大阪—神户城市群的兵库县宝冢市郊区。建筑以主体与基地边的围墙围合成一个小庭院，住宅平面相当紧凑。建筑师试图以不同高度的墙体形成不同程度的围合，以形成丰富的空间序列。在形态的塑造上，混凝土墙与玻璃幕墙对比，厚重的墙体与轻盈的钢架挑檐对比，使建筑既细腻又简洁。住宅基地面积209m²，建筑面积90m²（彩图133～彩图135）。

70.库拉依安特住宅

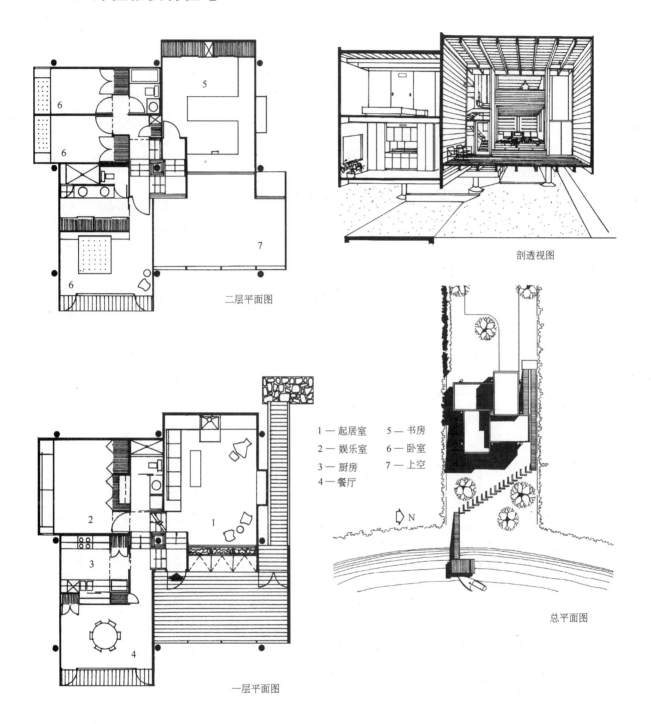

剖透视图

二层平面图

1—起居室　　5—书房
2—娱乐室　　6—卧室
3—厨房　　　7—上空
4—餐厅

N

总平面图

一层平面图

库拉依安特住宅　美国佛罗里达州

建筑师为威廉·莫根(William Morgan)。基地处于河畔的坡地上,业主为植物学教授,他要求住宅尽可能使用天然树木,并保护基地的植被。建筑的形态被建筑师称为"自然保护主义者理想式"。建筑主体被9根木柱支撑,形如海上栈桥的形式,这种方式可以最少限度地改动地表和树木等植被,使基地依然保持原有的绿荫蔽日的生机勃勃的景象,并巧妙地与基地的坡度相配合。建筑整体以木构件构筑。木柱的材料为经过防腐处理的美国松,呈暗色调并保持天然的形态,墙板则色调明快,切割整齐,光洁与粗犷形成鲜明的对比。在空间组织上,四周的房间围绕中央的木柱螺旋上升,高差共8个台阶,形成风车形的布局(彩图136)。

三、平面的叠合与扭转

71．埃略特住宅

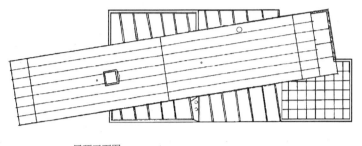

屋顶平面图

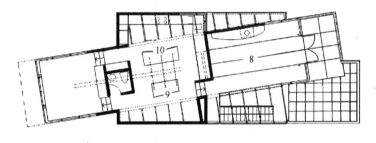

三层平面图

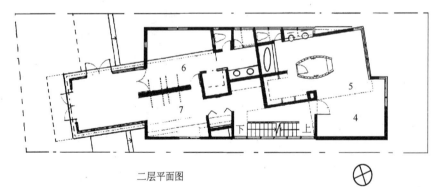

二层平面图

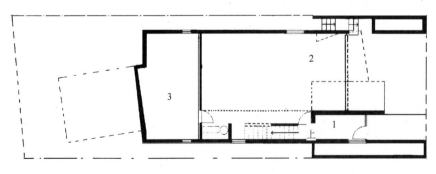

一层平面图

1—入口	4—主卧室	7—家庭室	10—厨房
2—车库	5—主浴室	8—起居室	
3—储藏室	6—客人房	9—餐厅	

埃略特住宅 Elliott Residence 1993 年 美国加利福尼亚州

建筑师为迪安·诺塔。住宅是为一对夫妇及他们偶尔作客的客人而设计。住宅的基地在海边，周围是以一、二层公寓为主的人口密集社区，基地在一个小山包的顶部，被混乱的现存建筑包围着，面积比较小（27.5m×9m），有一定的坡度，太平洋浪漫而壮观的景色来自西面和东北面。业主要求住宅包括健身房、视听室、屋顶露台和提供 4 个车位的封闭的停车场。业主希望为主卧室和起居室提供最大限度的海景，同时减少相邻建筑对住宅私密性的干扰。住宅的设计试图根据和利用光、景观以及温和的气候，满足特定地点的居住需求。住宅垂直组织空间，一层是停车场和入口，卧室和健身房在中间层，起居室、餐厅和视听室在顶层以求得最佳的景观效果。平面的几何形状来自对基地长轴方向的尊重以及向主要景观方向的扭转，这样形成两个矩形叠合的形状。扭转的部分以模拟小山形状的拱顶所强调，在避免与邻居发生冲突而不能开窗的位置设计了顶窗。在从入口到顶层的空间序列中，空间逐渐开敞，景观逐渐丰富，光线也不断变亮，空间体验戏剧性地交织。建筑面积 205m²（彩图 137、彩图 138）。

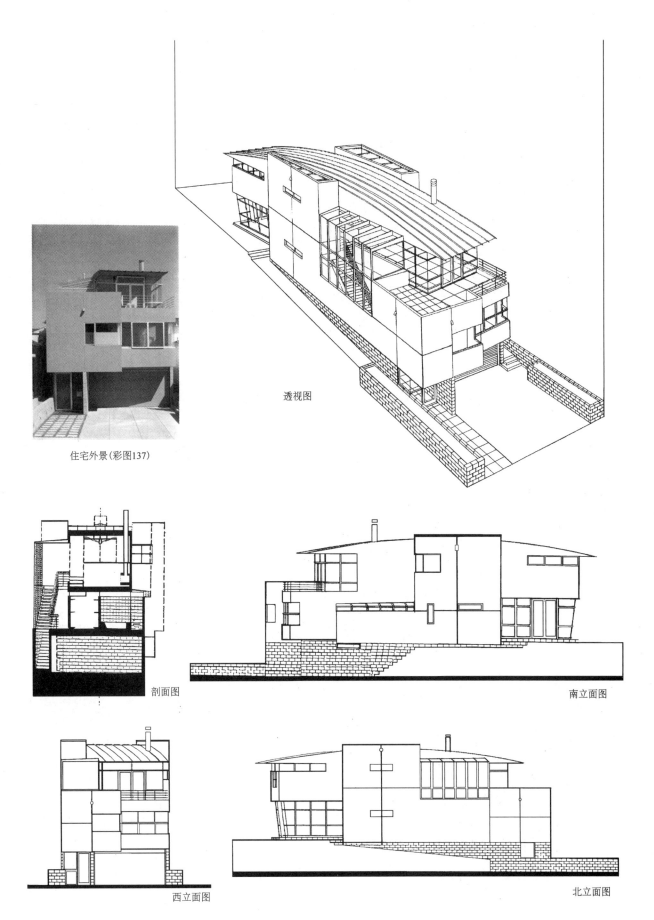

住宅外景(彩图137)

透视图

剖面图

南立面图

西立面图

北立面图

72. 布里奇住宅增建

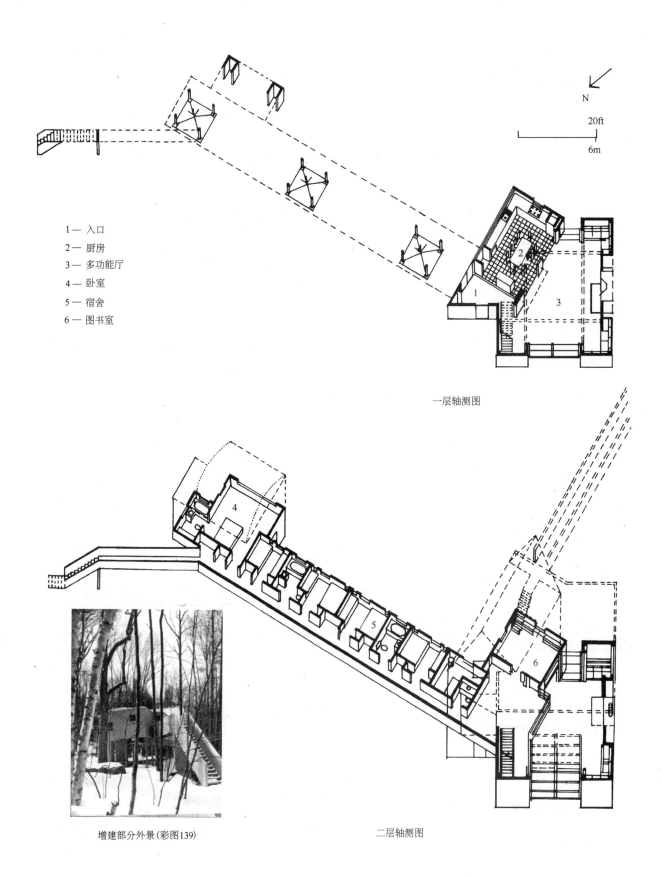

1— 入口
2— 厨房
3— 多功能厅
4— 卧室
5— 宿舍
6— 图书室

N

20ft
6m

一层轴测图

增建部分外景(彩图139)

二层轴测图

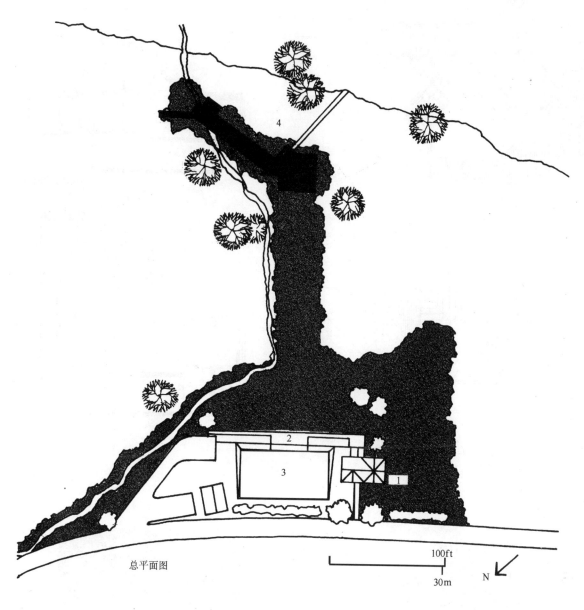

总平面图

100ft
30m
N

1—旧宅；　2—玫瑰园；　3—球场；　4—扩建部分

布里奇住宅增建　Bridge House Retreat　美国纽约

　　这是建筑师皮特·格鲁克为自己一家四口在约 300m² 的大房子附近增建的一处小建筑。家人希望在这里包容每个家庭成员不同的要求，以满足各自的乐趣和习惯。增建部分远离老宅，建于茂密的树林之中。在立面处理上，从老宅借鉴的白色砌块筑成的水平线条穿插在褐色墙面中，以期从老宅看过来新老建筑具有风格上的统一，同时褐色的墙面又使建筑融入树林所形成的背景中。建筑架空的底层、长长的室外坡道，突出了野趣。起居室设计成多功能的空间，大卧室附带四个小房间，作为使用功能的补充，以利于家庭成员同时进行不同的活动，用皮特自己的话来说就是"在有人打雪仗时，别人可以沉浸于书海"（彩图139～彩图 141）。

73．夫妇住宅

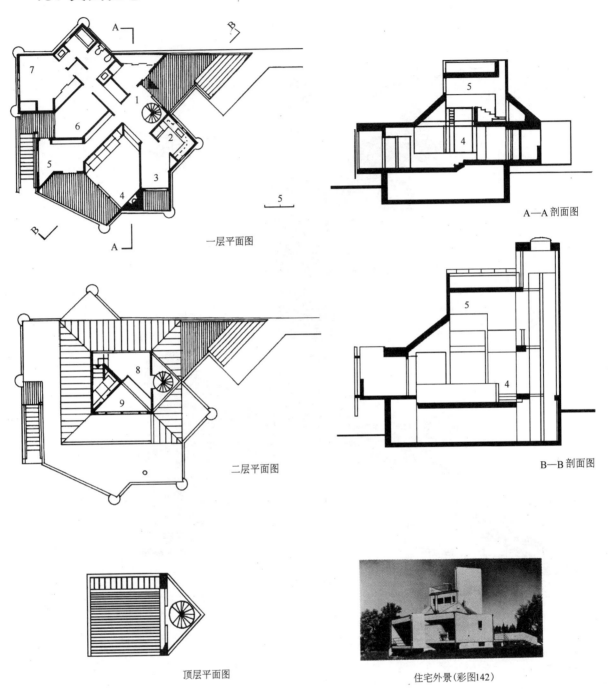

一层平面图

A—A 剖面图

二层平面图

B—B 剖面图

5

顶层平面图

住宅外景(彩图142)

1—入口;2—厨房;3—餐厅;4—起居室;5—储藏空间;6—卧室;7—主卧室;8—书房;9—上空

夫妇住宅　美国明尼苏达州

建筑师为托马斯·拉森(Thomas N.Larson)。基地紧邻加拿大国境,呈三角形。业主是一对做新闻记者的夫妇,他们要求无论建筑的内部还是外部都能保持私密性,同时建筑具有独特的个性和令人兴奋的空间。建筑师根据业主的意见,赋予建筑以封闭而错落的外观,在室内通过地板高度的细腻变化而产生了丰富的空间层次。建筑为木构,为塑造复杂的体形,有的平面处理略显勉强,但流畅的交通流线、恰当的空间组织弥补了这些不足,同时以三角形为母题,与基地形态相呼应(彩图142、彩图143)。

74．韦斯特波基特住宅

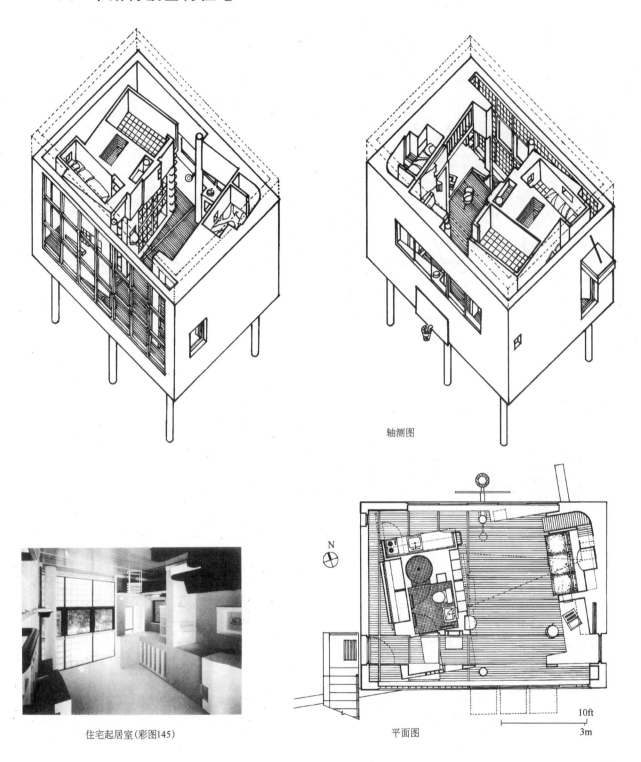

轴测图

住宅起居室(彩图145)

平面图

10ft
3m

韦斯特波基特别墅　Vestpocket Villa　美国亚特兰大市

这是建筑师安东尼·埃马斯(Anthony Ames)在他自己的后院加建的一个面积仅 53m² 的小房子,外观好像微型的萨沃伊别墅。虽然建筑风格是现代主义的,但平面的旋转却显示了它的特点。建筑的外壳与老宅旋转了一个角度,而中心核与老宅平行。中心核主要是设备间,面向沙发的一侧墙嵌进书架。沙发上的阁楼中设床。这个住宅虽小,却创造了丰富的空间感受(彩图 144～彩图 146)。

75．沙漠住宅

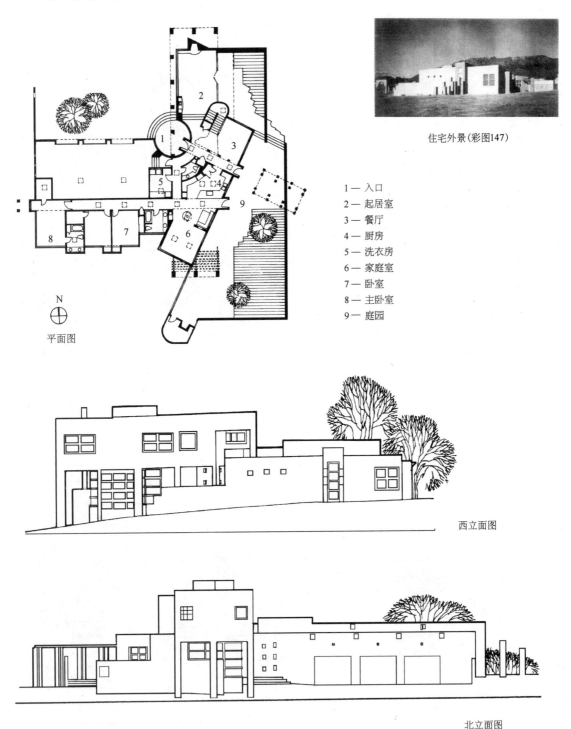

住宅外景(彩图147)

1— 入口
2— 起居室
3— 餐厅
4— 厨房
5— 洗衣房
6— 家庭室
7— 卧室
8— 主卧室
9— 庭园

N

平面图

西立面图

北立面图

沙漠住宅　美国新墨西哥州

　　这个住宅建于沙漠的边缘,建筑师为格兰德·斯派瑞等。住宅坐落于圣地亚山脚下的大片发展区的中间,周围都是盒子状的粗陋的建筑,使这个住宅就像环境中的陌生人,同时又像从这片乡土中土生土长出来的。住宅的入口在北面,平面呈风车形,在中部形成两个方向轴线的旋转叠合,空间丰富而不杂乱。建筑师试图使住宅融合传统和美国南部的地方风格,并做到城市与沙漠风情的共生。建筑沐浴在明亮的沙漠之光中,光的作用丰富了建筑的形式和色彩。住宅东面院墙外是六个柱墩(被称为"灰色魔鬼")逐个向大地俯下身去,好像从建筑中被驱除出来,增加了建筑的趣味性(彩图147)。

76．帕多住宅

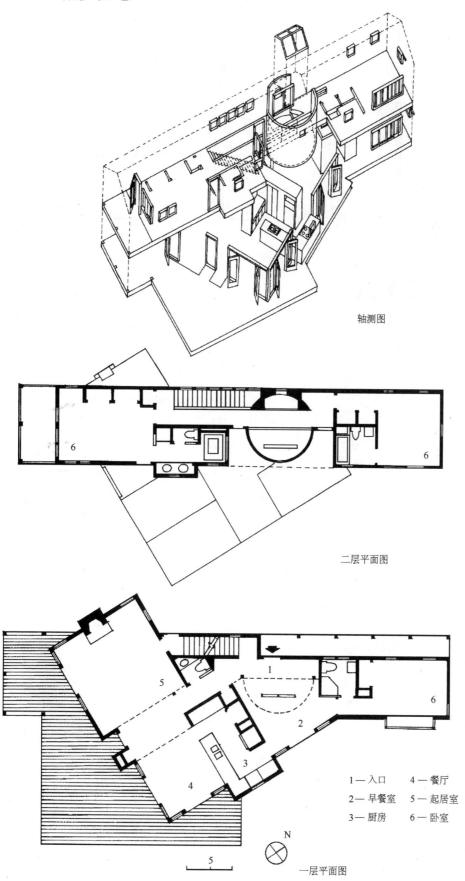

轴测图

二层平面图

1— 入口　　4— 餐厅
2— 早餐室　5— 起居室
3— 厨房　　6— 卧室

5

N

一层平面图

帕 多 住 宅
Pardo House　美国
纽约

　　建筑师为史密斯·米勒和哈金森。住宅是为业主的两代之家而设计，基地8000多平方米，建筑面积186m²，但建筑预算比较少，给建筑师出了一个难题。平面最终采用了两种几何形相互穿插的组织形式，建筑师借鉴传统家族空间，采用中央枢纽大厅的想法，使不规则的穿插部分成为公共空间的焦点，这里成为传统帕拉第奥式的规整与美国式的随意的有机结合。在穿插部分，圆形的中央大厅被后推从而偏离中心，形成非直角的多方向的平面形态；两层的线形部分为两代人划分出各自的私有空间，并有节制地衬托了中心部分。在室内的处理上，中央半圆厅顶上洒下顶光，成为这个多向的平面重心，一个屏风立在半圆厅中，在不打破几何形的完整性的同时，遮挡了来自入口的视线（彩图148～彩图150）。

173

77．甲壳住宅

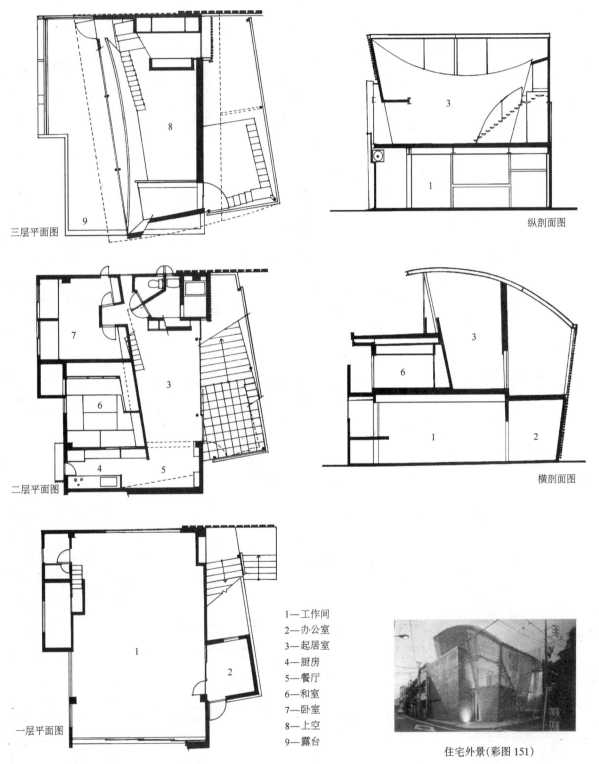

三层平面图

纵剖面图

二层平面图

横剖面图

一层平面图

1—工作间
2—办公室
3—起居室
4—厨房
5—餐厅
6—和室
7—卧室
8—上空
9—露台

住宅外景(彩图151)

甲壳住宅　KOU Shell　日本

建筑师为德井正树。建筑包括住宅和一个制造铁家具的工作间。建筑平面形态是两个方形的叠合扭转，在形象上两部分处理不同，塑造成由一个实的立方体和一个有优美的曲线屋顶的虚的部分，外面全部由金属包裹，但两部分质感和肌理不同。这种严峻的外观同时也起到了广告的作用。银色钝光的硬金属立面，在街区中非常显眼。建筑内部给人的感觉相对柔和，以木材和塌塌米为材料(彩图151、彩图152)。

78. 热海住宅

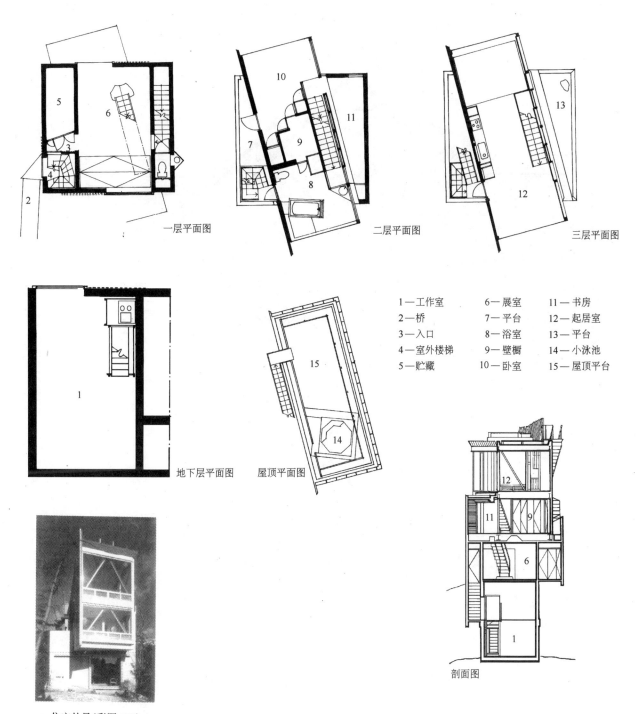

一层平面图　　　　　　二层平面图　　　　　　三层平面图

1—工作室	6—展室	11—书房
2—桥	7—平台	12—起居室
3—入口	8—浴室	13—平台
4—室外楼梯	9—壁橱	14—小泳池
5—贮藏	10—卧室	15—屋顶平台

地下层平面图　　　屋顶平面图

剖面图

住宅外景(彩图153)

热海住宅　Atelier House at Atami　日本热海市

建筑师是室伏次郎。住宅为一对雕塑家夫妇在热海市郊的休息之所。基地是向北的陡坡,俯瞰对面山谷中的森林,向南面可以眺望远处的海湾和山景,从陡坡的最上部有道路可以进入基地。建筑平面以两个方形叠合而成,建筑四层,分别有不同的楼梯进入不同的空间。屋顶阳台与天融合,从这里可以体会不断变化的天光海景。建筑体形简洁,大面积的玻璃与混凝土墙相互对比映衬,一部红色的室外楼梯成为点睛之笔(彩图153、彩图154)。

79.佐木岛住宅

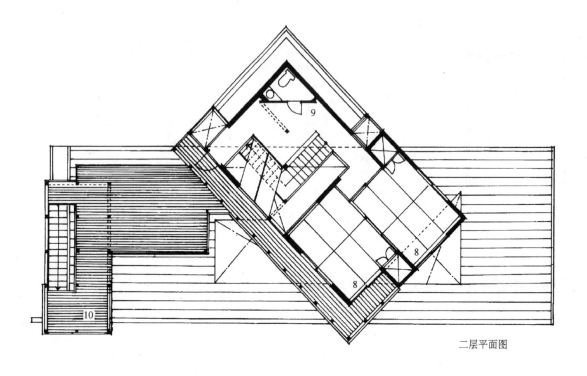

二层平面图

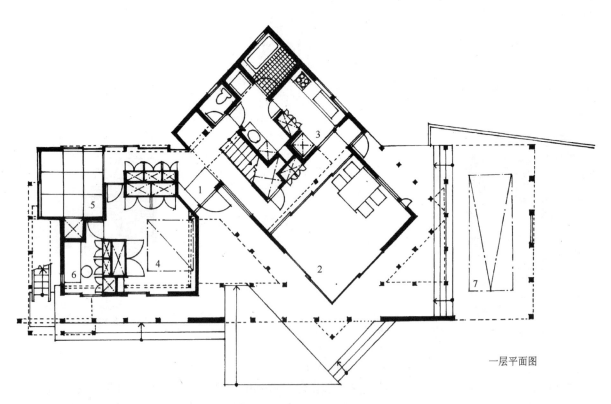

一层平面图

1—入口；2—起居室、餐厅；3—厨房；4—主卧室；5—和室；6—工作室；7—车库；8—客人房；9—过厅；10—露台

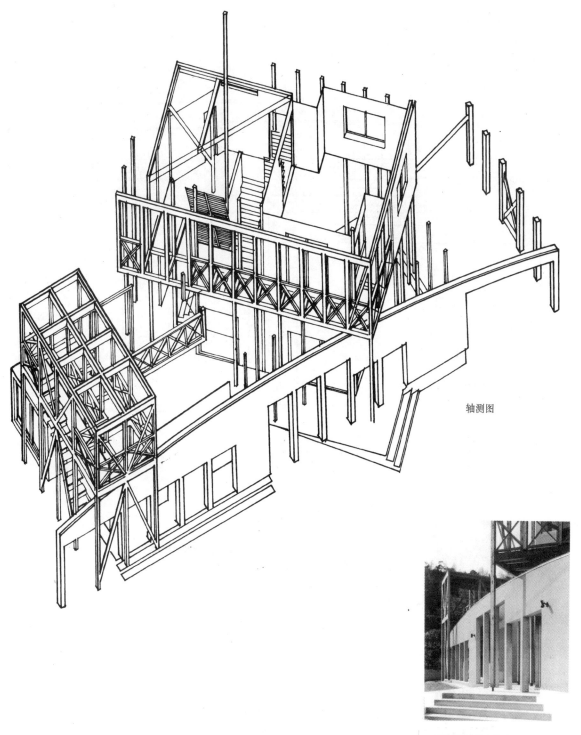

轴测图

住宅外景(彩图 155)

佐木岛住宅　House at Sagi　日本

　　建筑师是铃木了二。住宅建于濑户内海的一个小岛岸边,业主是一对退休的老夫妇。平面由一大一小的矩形元素彼此以 45°角相交构成。建筑在面向大海的一侧设计了大窗。在造型上,灰色的混凝土墙穿插在两组木构架之间,同时为了突破由海、天和地平线所构成的水平线,设计中强调了竖线条,并通过木构架的处理形成宜人的韵律(彩图 155)。

四、自然风格

80. 山岳住宅

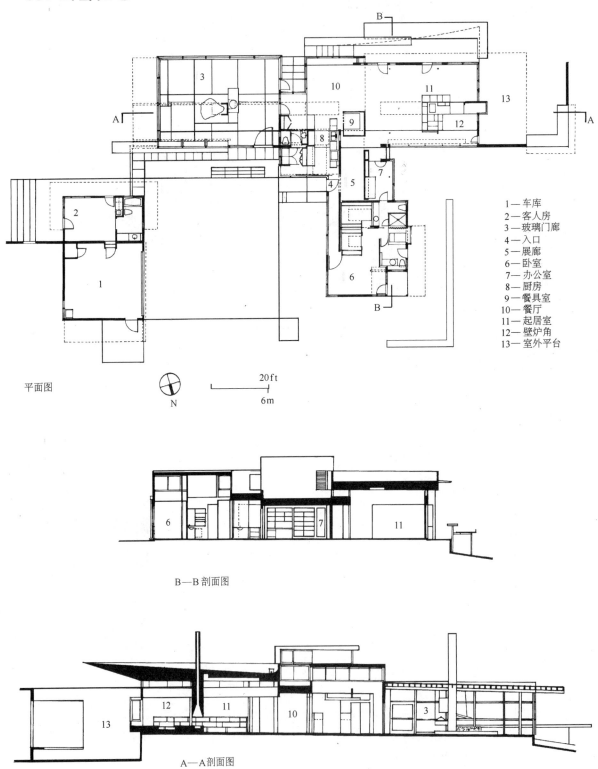

1— 车库
2— 客人房
3— 玻璃门廊
4— 入口
5— 展廊
6— 卧室
7— 办公室
8— 厨房
9— 餐具室
10— 餐厅
11— 起居室
12— 壁炉角
13— 室外平台

平面图

N

20ft
6m

B—B剖面图

A—A剖面图

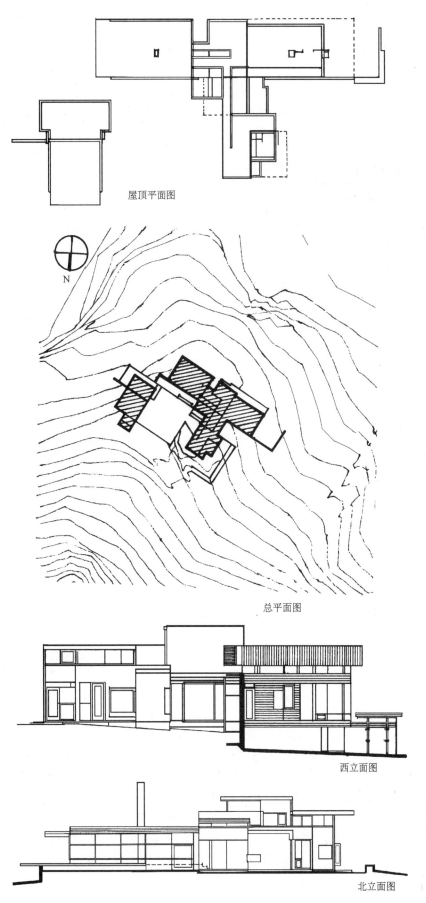

屋顶平面图

N

总平面图

西立面图

北立面图

山岳住宅 Mountain House 美国佐治亚州

这是斯科因·埃勒姆和布瑞(Scogin Elam and Bray)的新作。业主是一对有着不同的背景和兴趣点的夫妇,建筑师不得不在他们之间求同存异,最终的设计结果是住宅既属于城市又属于乡村,既正规又非正规,但彼此并不矛盾。基地位于山脚下。设计强调了水平线条,建筑沿大地舒缓地展开,与山的高耸形成鲜明的对比。如果不是被厚重的屋顶所限定,从许多角度看,建筑可以与环境混为一体。在视觉效果上,虚实对比、色彩对比、体形对比丰富而协调。建筑主要为木构,局部结合钢和混凝土构件。住宅分为三个部分:一个客人套房、玻璃的透明门廊和住宅主体,彼此可分可合。总建筑面积380m²,住宅主体223m²(彩图156~彩图159)。

住宅外景(彩图156)

81. 辛普森住宅

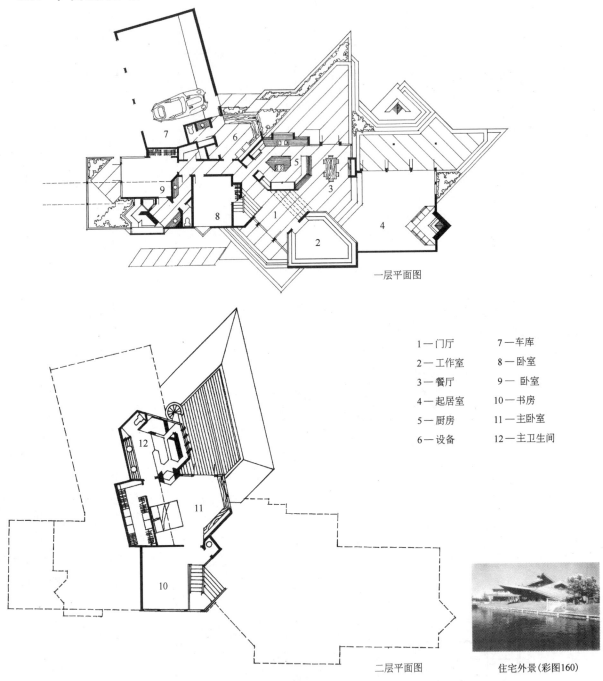

一层平面图

1—门厅	7—车库
2—工作室	8—卧室
3—餐厅	9— 卧室
4—起居室	10—书房
5—厨房	11—主卧室
6—设备	12—主卫生间

二层平面图　　　　住宅外景(彩图160)

辛普森住宅　Simpson Residence　美国加利福尼亚州

建筑师为阿瑟·戴森。住宅是为一个房地产开发商所设计。住宅的基地面向一个人工湖,入口开向一条繁忙的小街,基地的形状很不规则。业主要求住宅风格鲜明突出,建筑材料明显区别于邻里的建筑,以期以住宅为标志吸引客户上门。建筑师在设计中利用平台、露台以及挑檐使住宅看起来比相邻同样规模的住宅要大,同时强调住宅的私密性,住宅背向小街,面向南面的人工湖方向开敞,利用挑檐增加面湖一侧的进深感。住宅多层次的屋顶不仅具有美感,而且在阳光下形成丰富的光影效果,并遮挡夏日的暴晒。外墙以 3.3cm×20.3cm 的水平红木板为材料,由于设计出色,住宅吸引了众多的参观者,并以高出相邻建筑很多的价格售出(彩图 160、彩图 161)。

82．兰其沃尼住宅

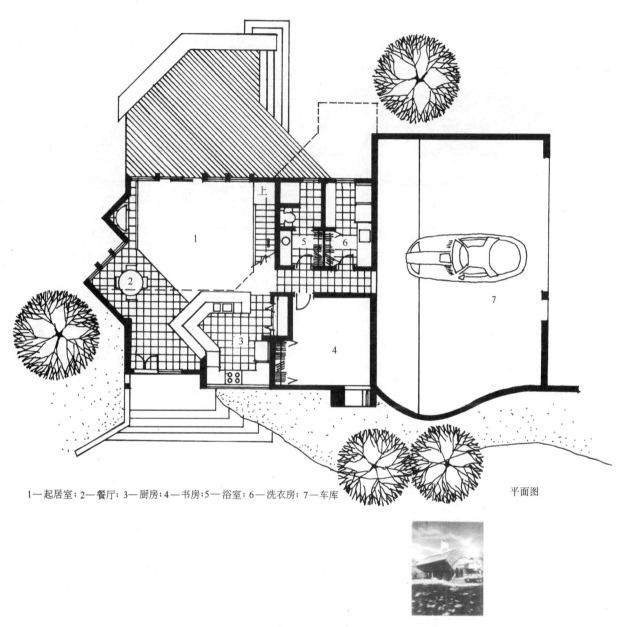

1—起居室；2—餐厅；3—厨房；4—书房；5—浴室；6—洗衣房；7—车库   平面图

住宅外景(彩图 162)

兰其沃尼住宅　Lencioni Residence　美国加利福尼亚州

　　建筑师为阿瑟·戴森。业主要求住宅独特、宽敞、紧凑并充分满足非常规的生活方式，并为晚间的聚会创造亲切的气氛，希望住宅成为室外娱乐空间的焦点。与一般住宅不同的是，这里还要容纳一个出售五金以及各种工具的小店，并且从厨房向北可以看到入口、向南可以看到室外娱乐场。在风格上，业主要求以曲线为主，但与西班牙或地中海风格有不同的特征，外观施以木装修。在设计中，建筑师以较少的材料包容了最大限度的空间，并创造了建筑鲜明突出的个性(彩图 162)。

83. 佳克莎住宅

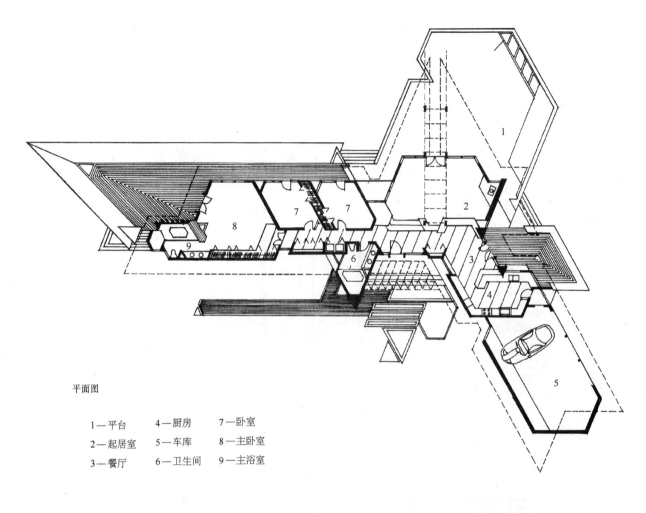

平面图

1—平台　　4—厨房　　7—卧室
2—起居室　5—车库　　8—主卧室
3—餐厅　　6—卫生间　9—主浴室

住宅外景(彩图164)

　　佳克莎住宅　Jaksha Residence　美国加利福尼亚州
　　住宅基地面积非常大,达到17.4公顷,住宅坐落于一个山头之上,可以欣赏落日并远眺城市的灯火。住宅的业主是一对工作的夫妇,他们希望这里成为周末的休息场所,希望这里具有鲜明的乡野气氛,远离城市的喧嚣。同时,业主非常喜爱成角的建筑。建筑师从以上的因素出发,并结合对太阳光的动态分析,决定了住宅的形态特征以及平面的主要轴线和方向关系。住宅沿道路的一面为强调私密性而比较封闭,住宅根据功能分区布局,成角的平面一翼面向城市、一翼面向落日,起居室、厨房和餐厅开敞布局,仅以层高的不同区分空间。住宅造型从广阔的自然景观中吸取灵感,建筑材料、质感和肌理都基于自然,住宅的体形处理强调了水平线条及光影效果(彩图163、彩图164)。

84．小岛别墅

小岛别墅　Island House　美国华盛顿州

建筑由 Miller & Hull 事务所设计。这是为一个四口之家所设计的周末度假别墅,父亲是画家,需要在建筑中设一个画室,画室需要安静、私密,并独立于建筑主体之外。基地位于布满岩石的小岛上,风景如画。为了保护景观和林木,地产主要求建筑的直径不能大于 30.48m,于是建筑与画室不得不成一个角度,以满足所限定的范围。建筑主体空间开敞,与环境隔以巨大的推拉门,以求融合。建筑材料主要是基地西北出产的木材——雪松的推拉门和屋顶板、铁杉的顶棚、冷杉的椽子,部分漆成灰色和褐色,以达到与环境的协调。建筑细部简单而精致(彩图 165~彩图 167)。

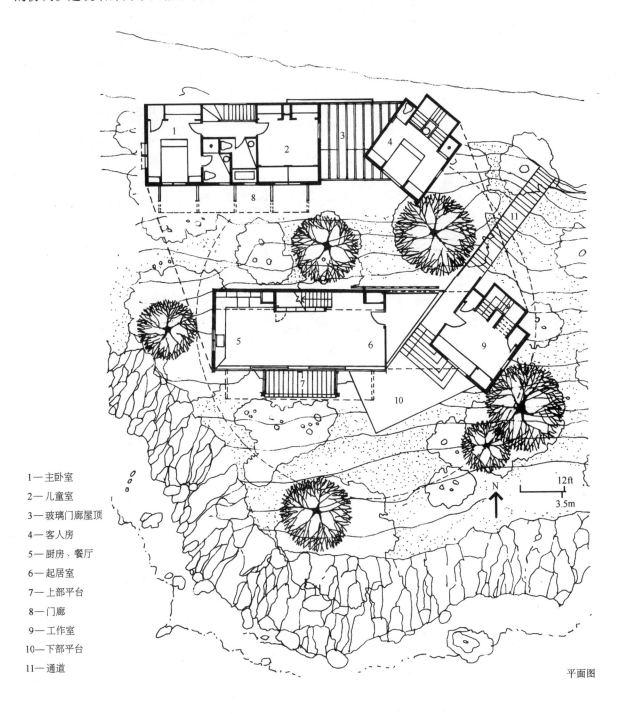

1—主卧室

2—儿童室

3—玻璃门廊屋顶

4—客人房

5—厨房、餐厅

6—起居室

7—上部平台

8—门廊

9—工作室

10—下部平台

11—通道

平面图

85．私人住宅

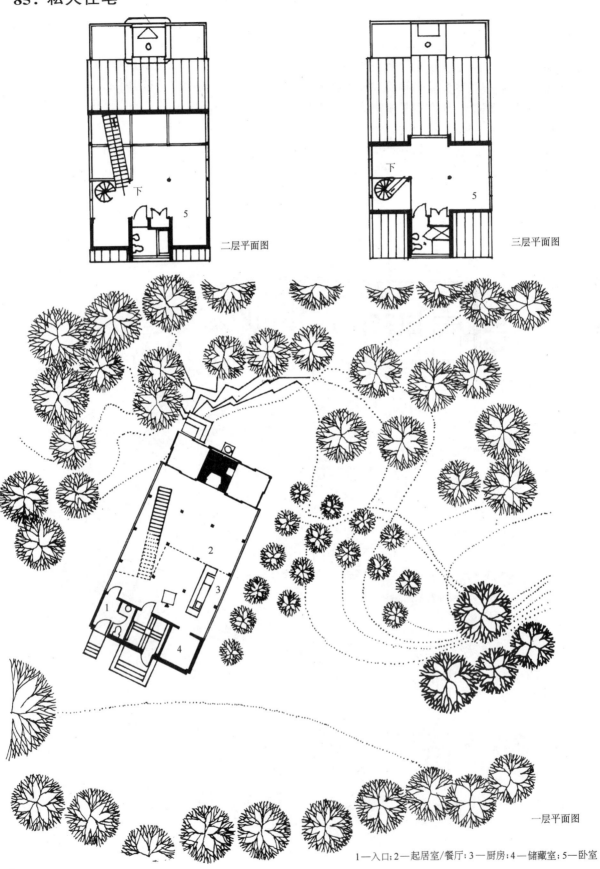

二层平面图

三层平面图

一层平面图

1—入口；2—起居室/餐厅；3—厨房；4—储藏室；5—卧室

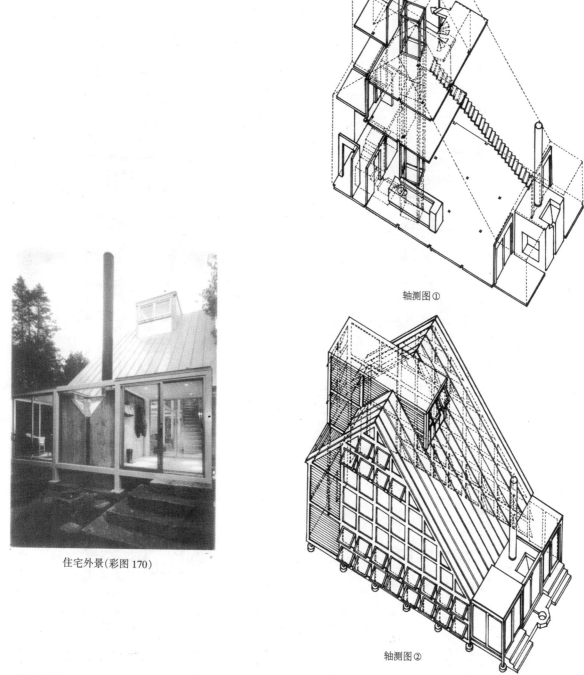

轴测图①

住宅外景(彩图 170)

轴测图②

私人住宅　House on Mount Island　1993 年　美国缅因州

　　建筑师为曾在 SOM 事务所做建筑师的皮特·福布斯(Peter Forbes),他在 1980 年离开 SOM 成立了自己的事务所。小住宅坐落于 2 公顷的基地上,业主希望能够在住宅中欣赏和体味周围四季变幻的山景和茂密的树林。同时他要求住宅具有某种生态建筑的特征。尽管玻璃幕墙不是好的生态墙体材料,但住宅所使用的钢材、玻璃、大理石以及杉木都是未经处理的原始材料。住宅内部空间开敞通透,一步直跑楼梯直通二层。建筑造型简洁,以最具家园特征的大坡顶为造型的主体。建筑面积 150m² (彩图 168～彩图 170)。

86. 西部住宅

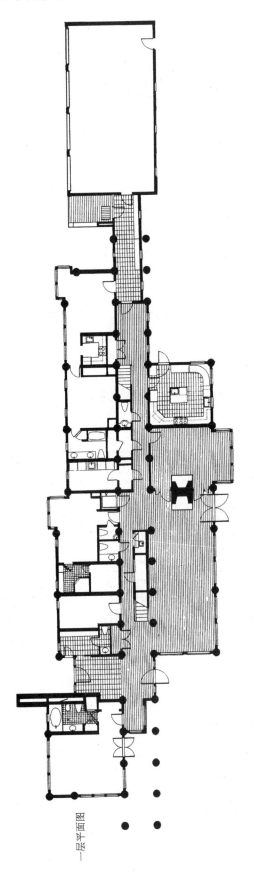

一层平面图

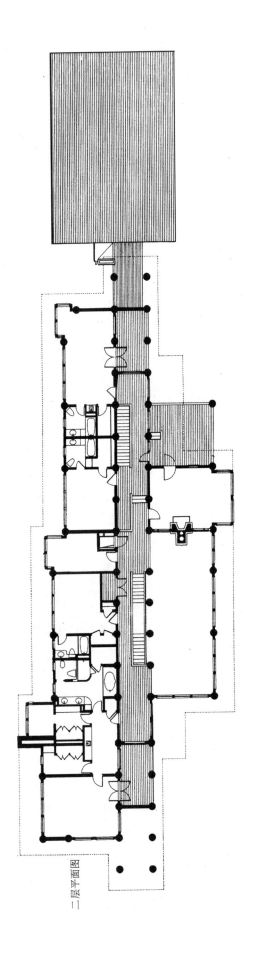

二层平面图

186

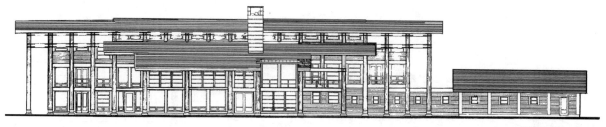

西立面图

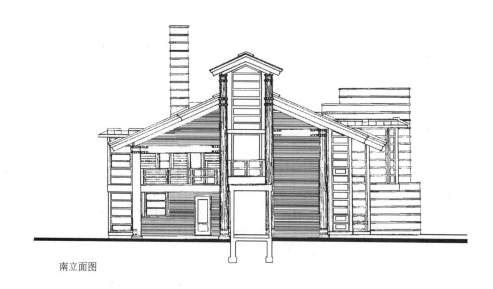

南立面图

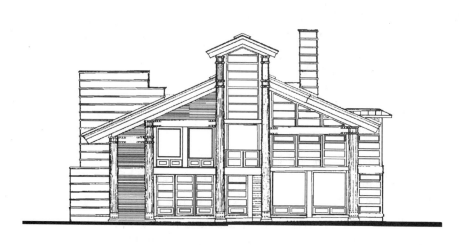

北立面图

西部住宅　House in the West　1993 年　美国西部

建筑师是西萨·佩里。业主希望以这里作为度假别墅。基地很大,将近 39 公顷,植被很好,有一条小溪潺潺流过。住宅沿小溪"一"字形布局,一字的中心是住宅的"脊梁",这里是水平与垂直交通的枢纽空间,它的西面是公共空间,东面是私密空间。建筑风格与佩里以往的作品不同,建筑以木材与石材为材料,高大的木柱、高耸的页岩烟囱形成的竖直线条与坡屋顶和木板的水平线条相对比,质朴而且有野趣。室内与室外风格一致,不再重新装涂,自然材质、暖色调、柔和的自然光线,给人以温暖舒适的感觉。建筑面积 891.8m²(彩图 171～彩图 175)。

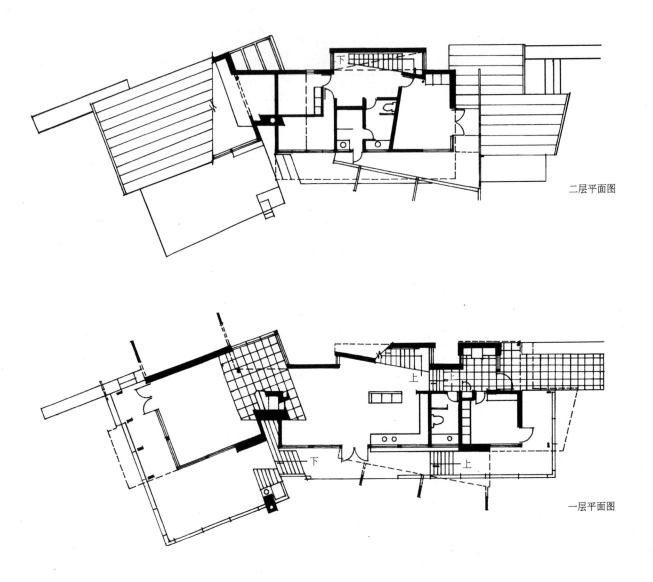

二层平面图

一层平面图

挲雅住宅　Saya Villa　1996 年　芬兰爱索曼岛

由芬兰建筑师 Helin & Silltowen 设计。住宅的设计思想是:使建筑结合地形,通过建筑形式、体量与环境形成统一的整体,并适应当地北面而来的日光。这种处理方法在建筑空间与随时间、季节而不同的自然光之间形成了一种独特的相互作用。挲雅住宅的平面的轴线和扭转呼应了两条主要的路线,一条是从小岛到住宅的路,一条是通往独立的桑拿房的路。住宅的平面设计主要注重在建筑与环境之间建立一种和谐统一的关系,通过踏步、支架、台地、露台和建筑所使用的材料如木材、石材等,以及对自然光的尊重,建立与环境的有机联系。

东立面图

西立面图

总平面图

88．达文波特住宅

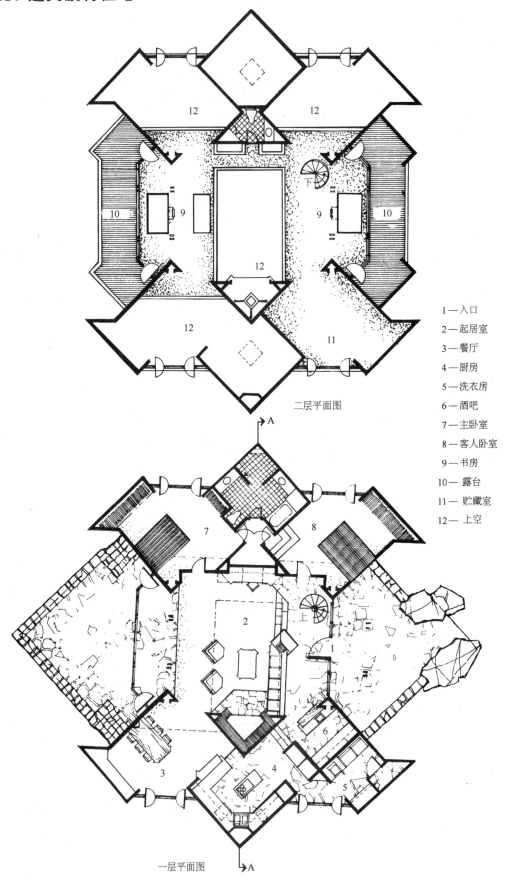

二层平面图

1—入口

2—起居室

3—餐厅

4—厨房

5—洗衣房

6—酒吧

7—主卧室

8—客人卧室

9—书房

10—露台

11—贮藏室

12—上空

A

一层平面图

A

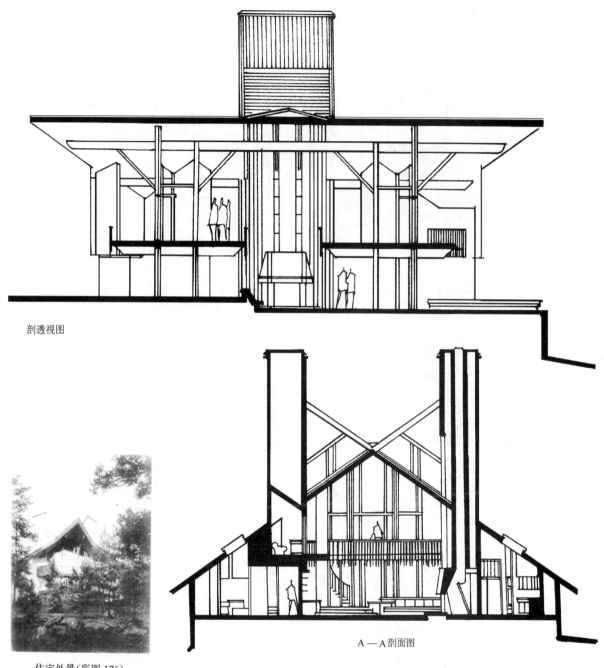

剖透视图

住宅外景(彩图176)

A—A剖面图

达文波特住宅　Davenport Residence　1987年　美国科罗拉多州

　　美国建筑师费侬·琼斯设计。基地大约2公顷,坐落于崎岖的落基山脉,海拔2255.5m,基地掩映在茂密的森林中,四周是常青植物。别墅是为一位艺术家和他的夫人所设计,业主要求建筑有充分的自然光,在开大窗的同时建立强烈的庇护感。因为必须考虑大雪和强风的影响,建筑师选用三角形限定平面和剖面的形态。同时用一对容纳烟道的高耸的中心塔吊挂屋顶相交的椽子并抵御横向荷载。双塔之间外露的椽子布置成剪刀状,形成大天窗,为工作室和起居室补充了丰富的自然光。在平面和体形处理中,运用三角形为母题,从柱、梁到小尺度的构件和家具均以三角形为基本形态,并以之使建筑成为一个统一的整体(彩图176、彩图177)。

89．艾德蒙逊住宅

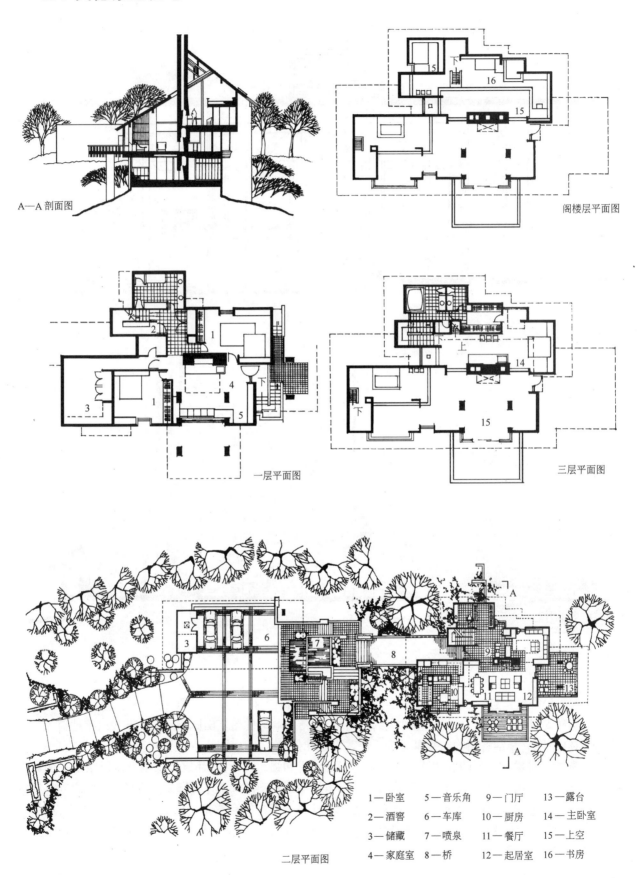

A—A剖面图

阁楼层平面图

一层平面图

三层平面图

二层平面图

1—卧室　　5—音乐角　　9—门厅　　13—露台
2—酒窖　　6—车库　　　10—厨房　　14—主卧室
3—储藏　　7—喷泉　　　11—餐厅　　15—上空
4—家庭室　8—桥　　　　12—起居室　16—书房

艾德蒙逊住宅　1980年　美国

　　建筑师是费依·琼斯。基地面积1.3公顷，北面面向城市干道一侧是开敞的缓坡，南面是森林茂密的山谷。建筑提供了各种尺度的室内外空间，同时很好地结合了特殊的地形和环境。建筑的入口在二层，这一层包容了住宅的主要空间。主卧室在三层，可以俯视起居室。建筑继承了赖特以来的自然主义风格(彩图178～彩图180)。

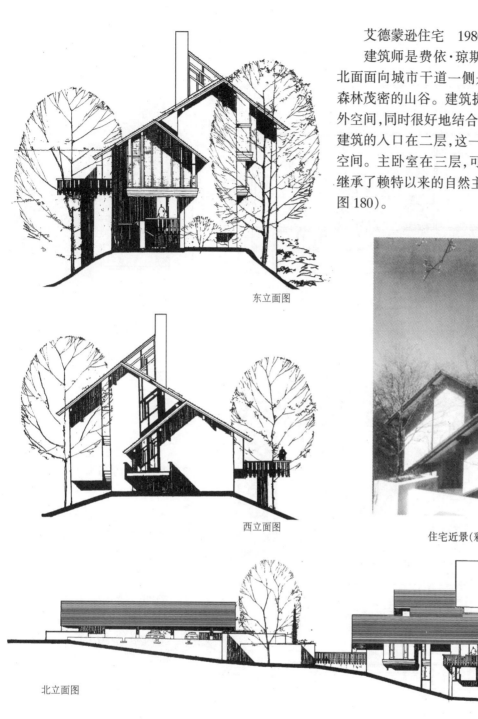

东立面图

西立面图

住宅近景(彩图178)

北立面图

东西轴向剖面图

90．雷达住宅

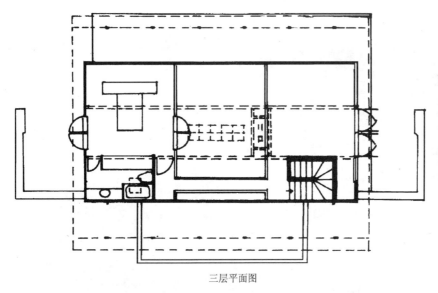

三层平面图

住宅外景(彩图 181)

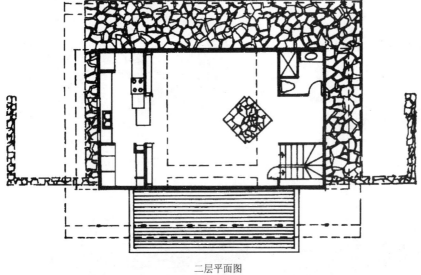

二层平面图

雷达住宅　Reed Residence　1980 年　美国阿肯色州

　　美国建筑师费依·琼斯设计。基地将近 5 公顷,面向广阔的林场。业主为一个记者与他的妻子,他们在美国和欧洲的大城市中生活了多年后,希望在乡间建一个简单、有乡土风格的小房子,从此过安静的生活。同时,他们还要求建筑融于环境之中,并使用最少的能源。建筑三层,大坡顶覆以隔热材料,通过墙上的窗口最大限度地形成对流风,并利用正中起居空间上方的两个吊扇加强空气流通,住宅的供热由两个燃木炉提供。自然光来自南面的大窗和屋顶的天窗。在夏季室内的木框架上覆以半透明的织物阻隔太阳辐射,并得到柔和的泛光(彩图 181、彩图 182)。

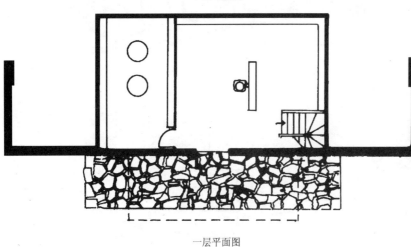

一层平面图

91. 普林斯住宅

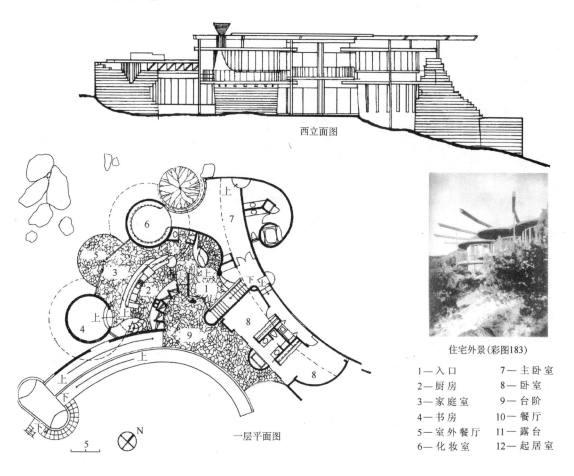

西立面图

一层平面图

住宅外景(彩图183)

1—入口	7—主卧室
2—厨房	8—卧室
3—家庭室	9—台阶
4—书房	10—餐厅
5—室外餐厅	11—露台
6—化妆室	12—起居室

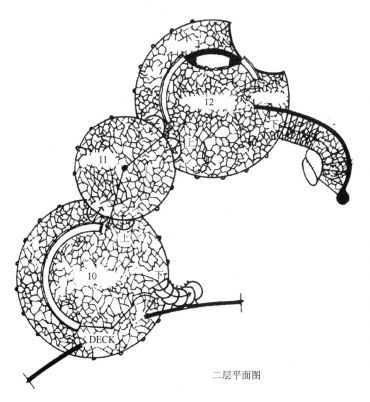

二层平面图

普林斯住宅 Prince House 美国新墨西哥州

巴特·普林斯(Bart Prince)继承了布鲁斯·高夫(Bruce Goff)和赖特的自然主义风格,在建筑中融入了生物形态的表现手法,使设计具有雕塑感和几何性以及鲜明的个性。这个为他的父母而设计的住宅由三个相互重叠的圆组成,它屹立于山坡之上并俯瞰前面开阔的山谷。建筑底部用钢柱支撑蘑菇状的屋顶,形态与自然十分和谐。建筑风格、色彩和材料的选用部分来自对美国南方建筑以及生物自然形态的借鉴和继承。平面依据基地上的两个因素——生长了多年的大柳树和露出地面的花岗岩而挪让和旋转,希望达到建筑融入自然之中的境界(彩图183)。

92．史密斯住宅

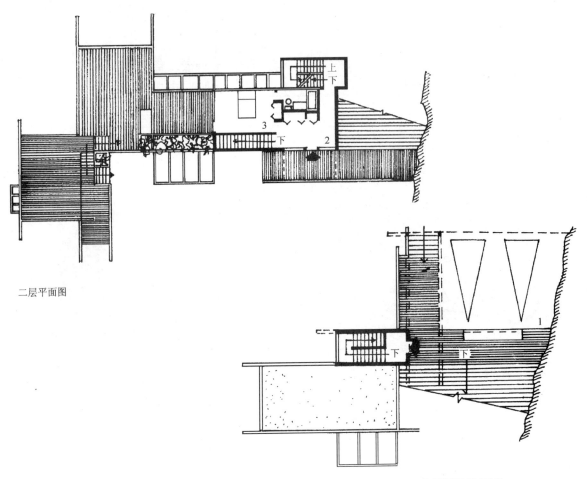

二层平面图

三层平面图（入口层）

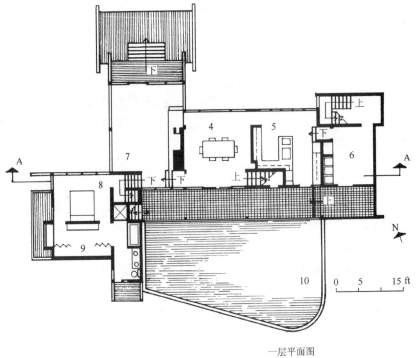

一层平面图

196

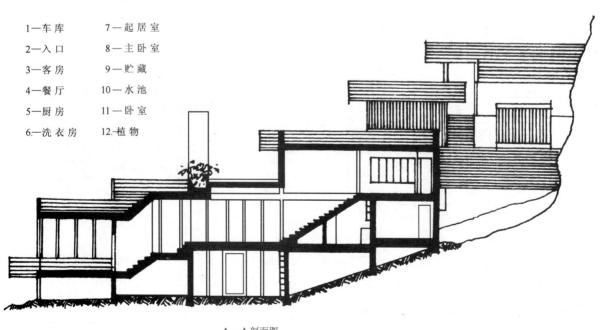

史密斯住宅
Smith House 加拿大

设计者为加拿大建筑师阿瑟·艾里克森。基地位于一陡坡上,乘车的人从山顶的最上层进入建筑,拾阶而下可以分别到达门厅层、起居层以及卧室层。住宅以木材和玻璃为主要建筑材料,在造型上,楼梯、壁炉和烟囱作为主要的垂直线条元素。住宅由直接插入岩石中的木柱所支撑,随空间的层层升高形成层层叠叠的体形。风格古朴,空间复杂(彩图184)。

半地下层平面图

1—车 库　　7—起 居 室
2—入 口　　8—主 卧 室
3—客 房　　9—贮 藏
4—餐 厅　　10—水 池
5—厨 房　　11—卧 室
6—洗 衣 房　12—植 物

A—A 剖面图

197

93．香山别墅

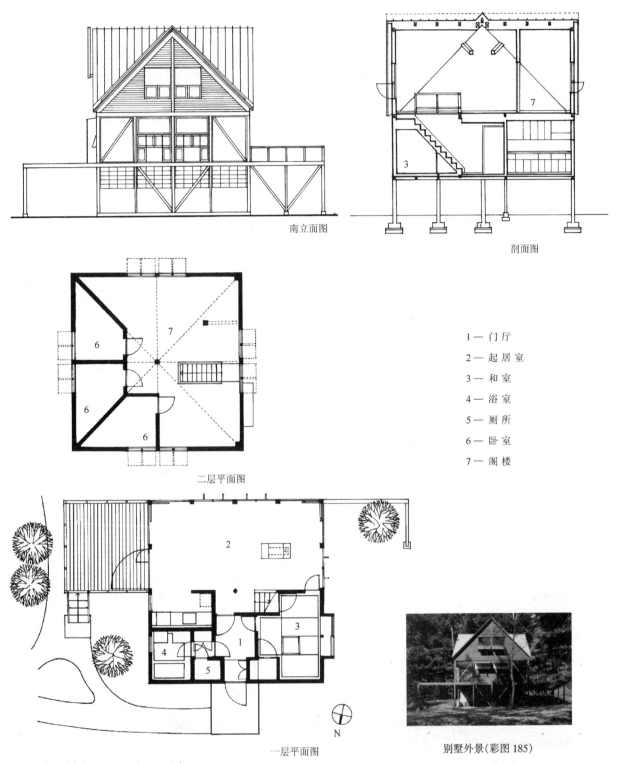

南立面图

剖面图

二层平面图

1— 门 厅
2— 起 居 室
3— 和 室
4— 浴 室
5— 厕 所
6— 卧 室
7— 阁 楼

一层平面图

别墅外景(彩图185)

香山别墅　1983年　日本

建筑师为香山寿夫。这个别墅是设计者自用的作为读书和思考的山庄。设计意图是:设备和布置应尽可能地简单。平面正方形,4×4间(间是一块塌塌米的尺寸,是日本古典建筑的模数单位),中心有一个立柱。屋顶是有四根45°脊的四面坡顶。山庄的空间组织是开放性的,玻璃板全部固定不能打开,建筑师把玻璃视作透明的墙,是一种光可以射入、人可以望出的基本构件。为了通风,木板墙反而是可动的(彩图185～彩图187)。

94．双极别墅

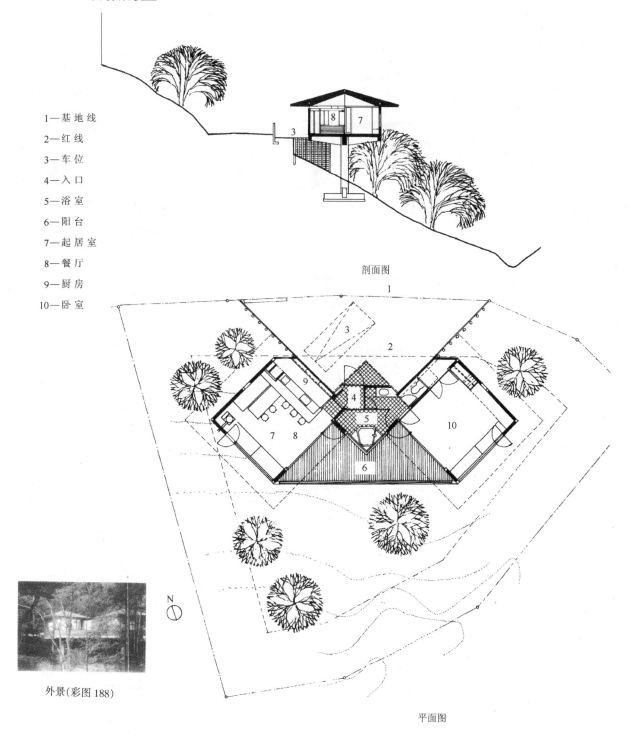

1—基地线
2—红线
3—车位
4—入口
5—浴室
6—阳台
7—起居室
8—餐厅
9—厨房
10—卧室

剖面图

外景(彩图188)

平面图

双极别墅 Dipole House 日本

住宅由林雅子及合作者设计。委托人为一对已婚夫妇,他们在城里有公寓,这里仅作为在乡村的别墅。他们希望在这里得到回归自然之感。基地坐落于斜坡之上,形状不规则,而且必须从北面的道路进入住宅。建筑分为两部分,分别被各自的同高的柱子所支撑,距地4m,二者互成45°角并被入口和阳台连成一体。每部分的支撑梁从中心柱放射出来,支撑方形的楼板。北面路边的立面比较封闭,以加强私密性。南立面向森林开敞,满目葱郁的自然景色(彩图188、彩图189)。

五、高技术风格

95. 希望住宅

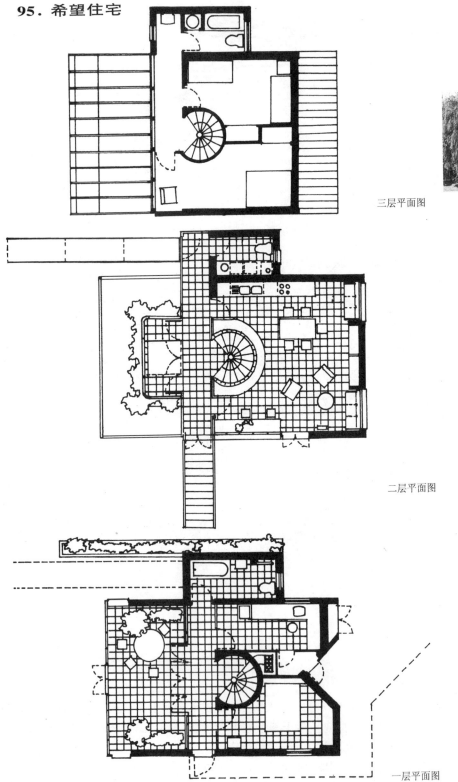

三层平面图

二层平面图

一层平面图

住宅外景(彩图190)

希望住宅
Hope house 英国
建筑师为 Bill
Dunster。这是一座
英国新近建成的低造
价的自建住宅。它是
生态住宅的一个成功
实例,它力图做到能
量的自给自足,在不
同的季节启用不同的
能量供给系统。住宅
中的设备包括以动态
水冷的光电太阳能系
统、一个雨水供暖炉
以及空气对水的热力
泵。其能量来源主要
是水、空气和太阳。
首层可以成为相对独
立的一套,也可以作
为家庭工作空间。二
层是家庭的起居空
间,所需能量由做饭
所产生的能量提供
(彩图190)。

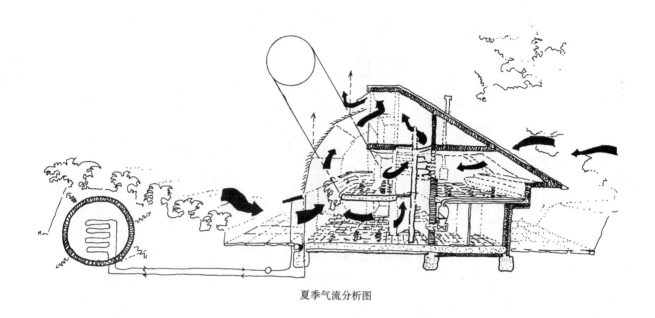

夏季气流分析图

　　夏季:外部光敏百叶窗防止室内过热,排气口打开。PV电池结合外部的太阳能板通过水泵向暖炉提供热量,以水冷却面板提供生活热水,多余热水提供给热量储存设备,内门关闭并打开露台。

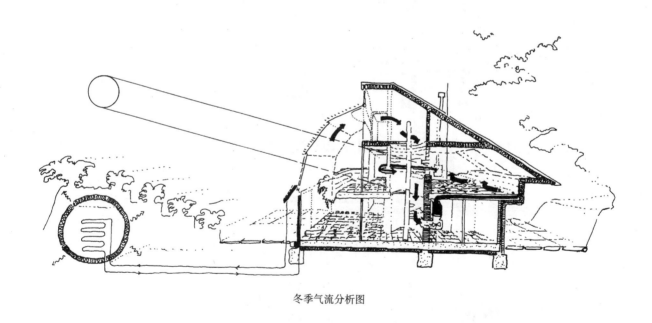

冬季气流分析图

　　冬季:较低的太阳高度角可以照至所有的房间,顶部的排气口关闭。若室内温度高内部排气窗则自动打开,降低则关闭。太阳能板向PV电池和热炉提供能量,被动太阳能系统预先加热新进来的冷空气,打开房门使空气再循环,二层地面砖可以辐射热量。

96．公园路住宅

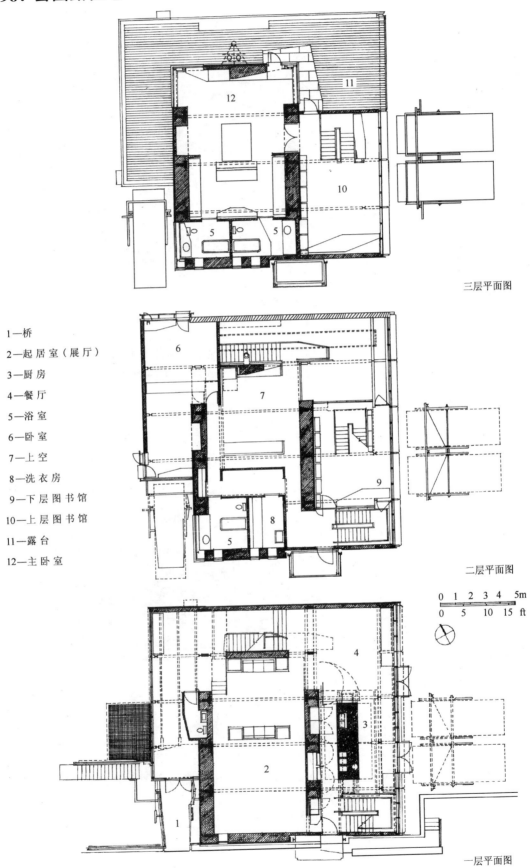

三层平面图

1—桥
2—起居室（展厅）
3—厨房
4—餐厅
5—浴室
6—卧室
7—上空
8—洗衣房
9—下层图书馆
10—上层图书馆
11—露台
12—主卧室

二层平面图

0 1 2 3 4 5m
0 5 10 15 ft

一层平面图

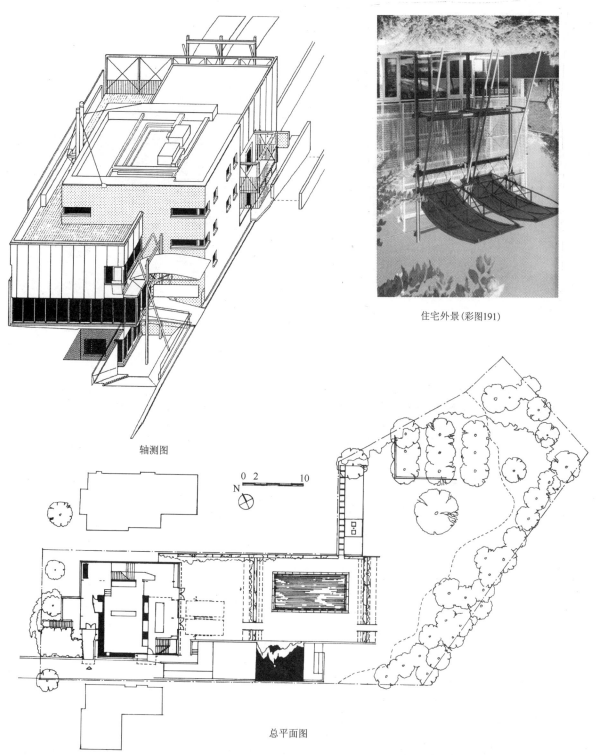

轴测图

住宅外景(彩图191)

N 0 2 10

总平面图

公园路住宅　Park Road House　加拿大多伦多

建筑师为罗勃特·迈基(Robert Mckay)。基地面积8000多平方米,位于城郊结合部,周围有很多公园,环境优美。业主是一个人口还在增加的家庭,他们在家中收藏现代艺术品。建筑是穿着铝外衣的三层红砖房所形成的"楼中楼",外观具有高技派特征和现代艺术气息。两个巨大的钢构架被染成红色,外观像工业机械。面向庭院的一侧以轻型框架填充铝板和玻璃窗,相对开敞。入口的标志是一个钢架桥,富有戏剧性。建筑材料精良,节点、细部设计精心,砖石与钢铁的对比在冷冰冰中融进了人情味(彩图191～彩图194)。

97．德国私人住宅

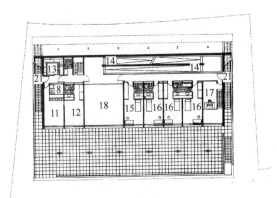

上层平面图

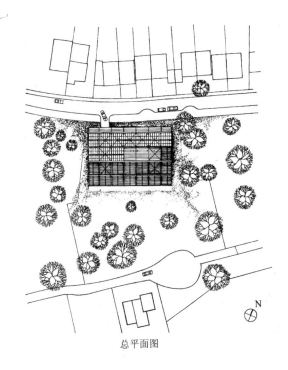

总平面图

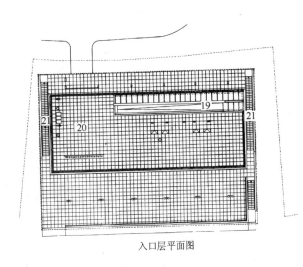

入口层平面图

1—杂用室	6—餐厅	11—佣人起居室	16—护士室
2—餐具室	7—壁炉	12—佣人卧室	17—书房
3—锅炉房	8—更衣室	13—杂物室	18—上空
4—厨房	9—主卧室	14—坡道	19—主入口
5—酒窖	10—露台	15—客房	20—停车
			21—室外楼梯

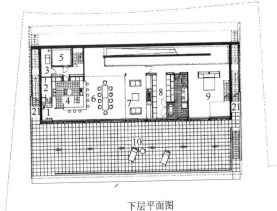

下层平面图

德国私人住宅　Private House in Germany
1994 年　德国曼弗雷德

　　这是高技派建筑师诺曼·福斯特的作品。住宅是为一个年轻的家庭而设计。基地位于向南的坡地,周围是茂密的树林,下面是优美的山谷。建筑嵌于山体之中,从基地北面的道路可以直接进入建筑的屋顶阳台,并通过坡道进入建筑主体中;最下层是家庭的主要活动空间,起居室二层高。由于主人是烹调爱好者,因此为他设计了专业的厨房和高效的通风设备。每层均有室外楼梯,允许孩子们直接从花园上楼,另外还设有一个专门给女佣的入口。室内外结合的不常见的动线系统提供了多样的交往方式(彩图195～彩图197)。

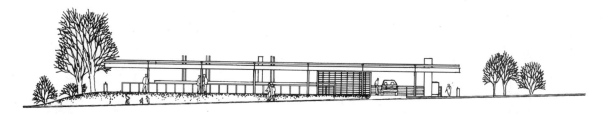

北立面图

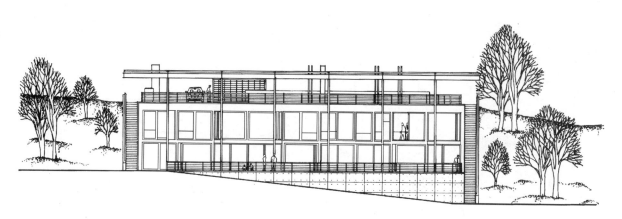

南立面图

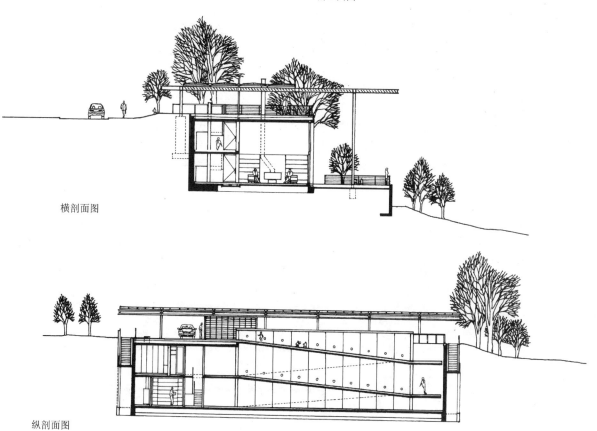

横剖面图

纵剖面图

98. 博道克斯住宅

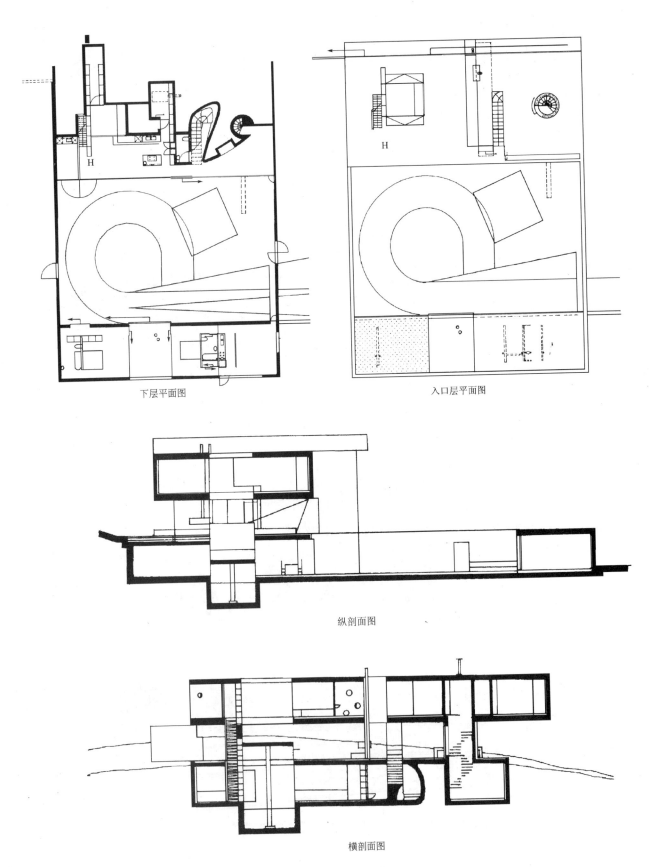

下层平面图　　　　　　　　　　　　入口层平面图

纵剖面图

横剖面图

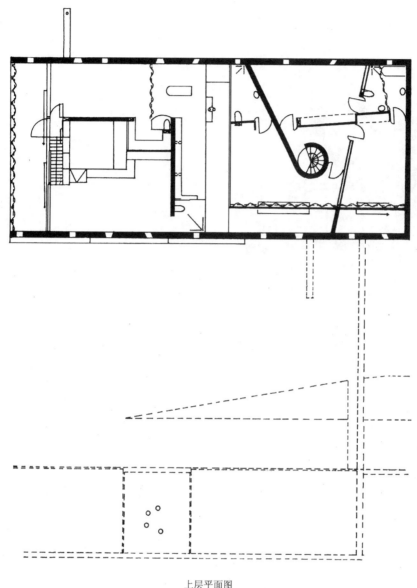

上层平面图

博道克斯住宅　Bordeaux House　法国

由 R.库哈斯设计。这座别墅是为坐轮椅的丈夫所建。业主希望建筑师设计一座空间复杂的建筑,以给桎梏中的丈夫以多样的世界。它一共三层,分为两部分:一部分给夫妇,另一部分给子女。一层由一系列在山体中挖的洞作为家庭的基本生活空间,二层是透明的玻璃盒子。三层为卧室。一部 3m×5m 的电梯可以在三层间自由上下。电梯旁有一面墙,其上容纳了丈夫所需的一切:书、艺术品、小柜、酒等等。电梯成为别墅的核心,电梯停放位置的变化动态地改变了建筑内部的空间布局。电梯也成为垂直的办公室,其中设有书桌、电脑、电话、灯光等。它可以沿着三层高的图书馆从一层移向另一层。电梯在一层可以成为厨房的一部分,并进入酒窖和珍品室。在中间一层它变成了地面使餐厅和花园连成一体。建筑的立面开窗根据使用者的体位——站、坐、躺以及使用者的眼睛高度而设置三种洞口,以期为丈夫设计出动态的视野。建筑面积:主体建筑三层 500m²,包括五个卧室和三个卫生间;附属建筑一层,100m²,为客房和门卫,包括二个卧室和二个卫生间(彩图198)。

99. 鸟宅

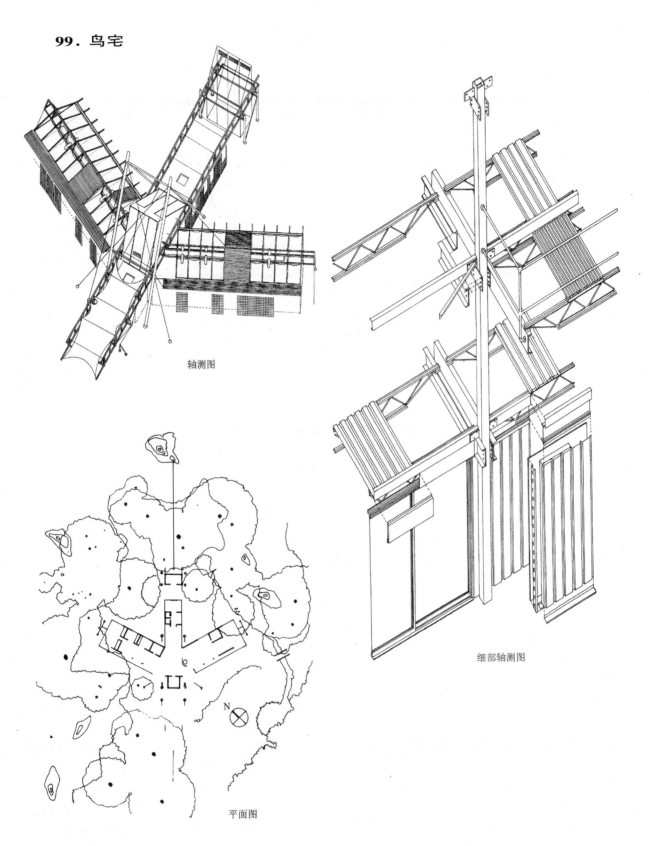

轴测图

细部轴测图

平面图

鸟宅 Bird House 美国

　　业主希望通过钢结构和悬吊的两翼使建筑具有钢铁大鸟的形态。鸟的尾部是玻璃顶的晶莹的温室，它嵌在坡地中，屋顶被橡树、冬青及砂石掩映着。鸟的中部是 A 形钢架，是建筑的结构中心，从这里悬挑出鸟头部分和两翼。鸟头部分既是门廊，其顶所覆的太阳能板又是整个住宅的能量中心(彩图 199)。

100．舒尔兹住宅

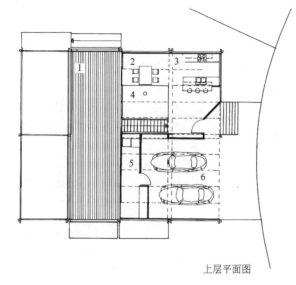

上层平面图

舒尔兹住宅　Schulitz House　美国加利福尼亚州贝弗利山

　　建筑师为海默特·舒尔兹。这是建于美国加州贝弗利山的一座别墅,它运用 T.E.S.T. 开放建筑体系,通过这种建筑体系的运用最大限度地使用直接从工厂运出的工业构件,减少了现场的工人数量,并允许住户根据居住状况的调整随意改变建筑室内的空间布局,从而赋予建筑以最大的灵活性和可塑性。此开放建筑体系以荷兰的 SAR 体系为基础,强调严格的模数,住宅以 10cm×20cm 为矩形格网,墙体和建筑构件依此格网布置。住宅依山而建,敏感地顺应了苛刻而壮观的基地,向城市和大海的方向开敞,并创造了丰富的户外空间。建筑满足 4 口之家的需要,强调家庭、朋友和客人的不同区域。别墅的建设速度很快,吊车在两天之内就把钢结构竖立起来。各种构件的连接点均使用螺栓,而不用焊接。框架结构允许所有的墙体不承重,并可以自由拆装。住宅不使用空调,运用可调节的凉棚、天窗形成自然的对流通风(彩图 200、彩图 201)。

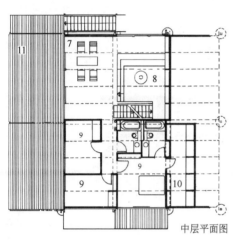

中层平面图

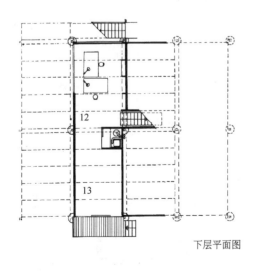

下层平面图

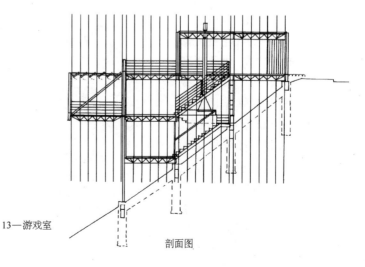

剖面图

1—露台　4—上空　7—起居室　10—储藏室　13—游戏室
2—餐厅　5—洗衣房　8—下沉谈话区　11—有顶露台
3—厨房　6—车库　9—卧室　12—书房

101．瀑布住宅

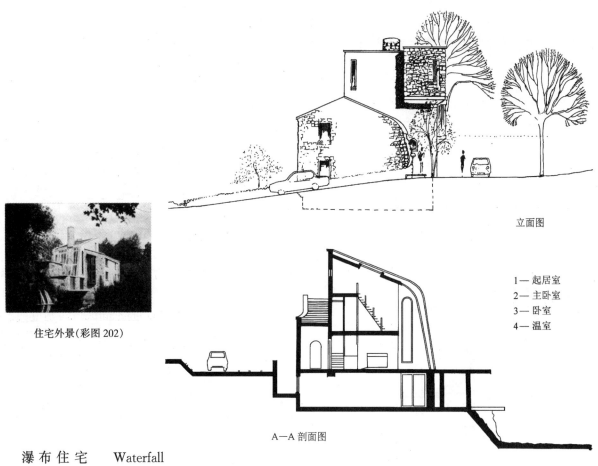

立面图

住宅外景(彩图202)

1—起居室
2—主卧室
3—卧室
4—温室

A—A剖面图

瀑布住宅　Waterfall House　爱尔兰南部

住宅的基地环境非常优美,一条曲折的小径可以引人下到前面深而缓的坡地中。基地总共4公顷,包括一个瀑布、一个大蓄水池以及一个废弃的旧磨房和一些旧设施。住宅由瀑布之上的旧磨房改建而成,磨房中的叶轮机被修复为住宅提供能量,供照明和采暖之用。被动太阳能系统也为水力发电提供了足够的能源,使两种能源互为补充。在住宅中部的石柱既是结构支撑又是太阳能系统的储热器,通过它把热量供给起居室。建筑的大部分外墙以毛石砌筑,与环境以及周围的建筑十分和谐一致(彩图202)。

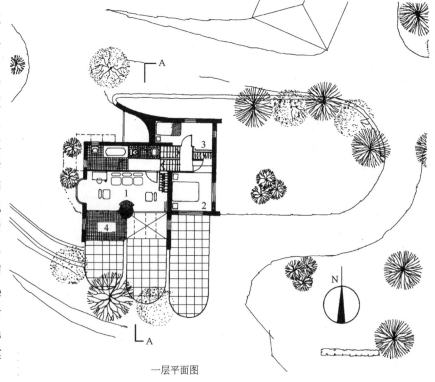

一层平面图

102. 森林别墅

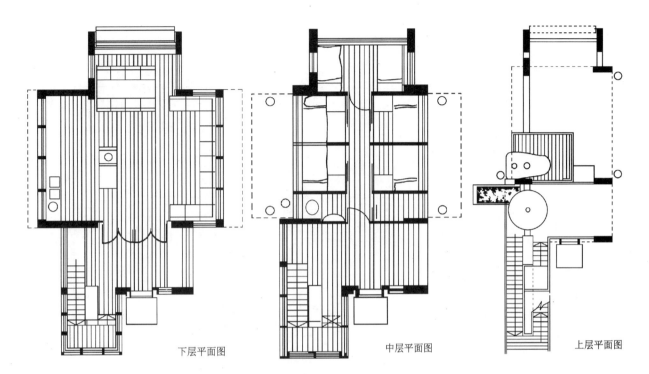

下层平面图　　　　中层平面图　　　　上层平面图

森林别墅　Forest House　苏格兰

斯蒂文·约翰逊的这一新作建于苏格兰。建筑师从生态环境的角度指出:建筑应该有利于整个地球而非仅是我们人类。森林别墅的设计理念来自生态建筑观,别墅以完善的动态系统提供能量、热量和废弃物净化,使用者能够在自给自足的状态中自由地生活和工作。别墅建成后无需额外的能量输入,同时也不产生有害的废弃物。建筑以基地内产的木材构筑,不再使用时可以拆除并自然分解,达到极高的环保效果。别墅坐落于森林之中,通过高架可以眺望周围的景观,同时下面的土地还可供耕种。

电力由屋顶上的风车产生,其位置比树高得多。废水被注入挂在外部结构上的袋子里,固体垃圾打碎后放在房下的篮子里。这些废物逐渐被分解成为粉状肥料,用于滋养沿主体结构向下南面的一系列小温室中的植物。雨水被屋顶的容器收集(既流入较高的容器也注入较低的水槽),当室内空气过于干燥时水会随风注入室内。别墅也运用了一些高科技设施,例如下午时建筑的保护门会打开,使阳光照入室内。如果建筑开始过热,百叶窗会自动打开,使冷空气进入屋内。如果温度不能忍受,门会关紧,完全阻隔阳光,不再吸收太阳能等(彩图203)。

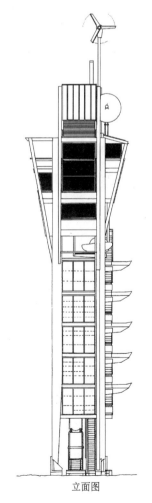

立面图

六、先锋作品

103．斯瑞梅尔住宅

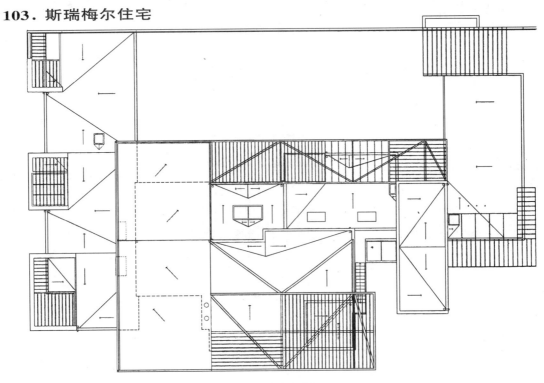

屋顶平面图

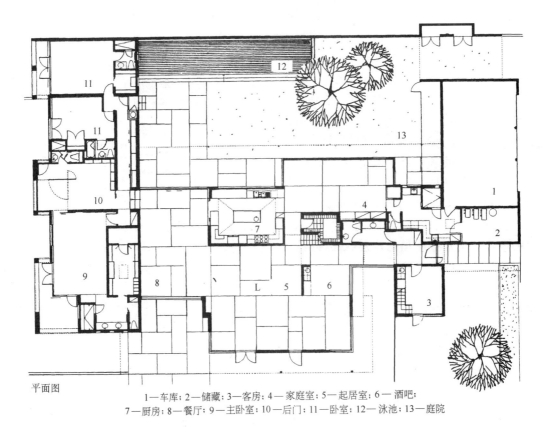

平面图

1—车库；2—储藏；3—客房；4—家庭室；5—起居室；6—酒吧；
7—厨房；8—餐厅；9—主卧室；10—后门；11—卧室；12—泳池；13—庭院

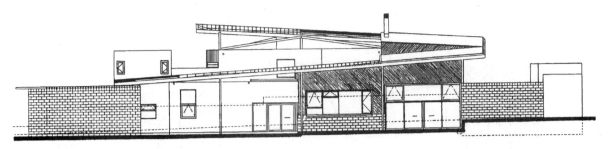

西立面图

斯瑞梅尔住宅
Stremmel House 1995年
美国内华达州

建筑师为 Mark
Mack。他的作品常建于
沙漠地带,多以艳丽大胆
的色彩和丰富的体形著
称,住宅用色往往以原色
为主,与苍凉的环境形成
鲜明的反衬。本住宅位于
沙漠边缘的雷诺城郊,建
筑师试图以此住宅探索适
合孤独、广漠环境的建筑
设计手法。住宅的布局以
古代庭院型住宅为蓝本,
以适应粗犷的自然风光,
住宅建在混凝土台上,绿
色的天棚搭在庭院的顶
上,作为自然造物与私密
空间的中介。由于没有相
邻的建筑以及建筑红线的
控制,住宅的形态比较自
由。住宅的不同体块采用
不同的颜色,使住宅如同
早期的现代派绘画,因为
业主是艺术品的收藏家和
经纪人,建筑的风格也与
他的身份相一致(彩图204
～彩图206)。

南立面图

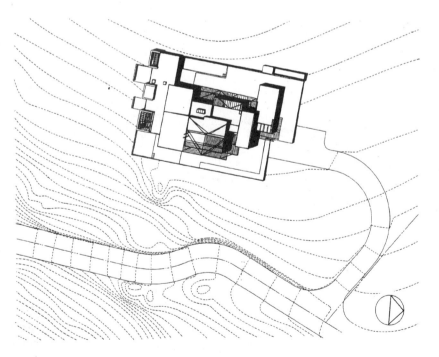

总平面图

104. 布莱德斯住宅

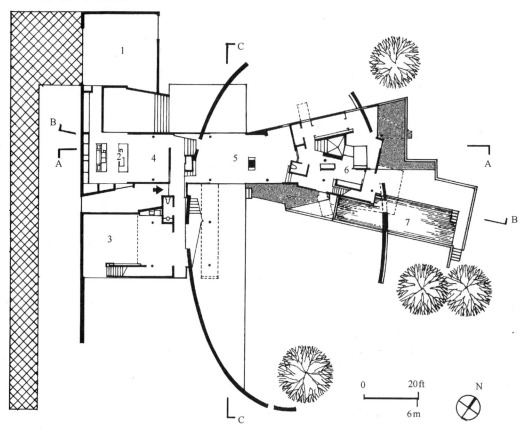

首层平面图

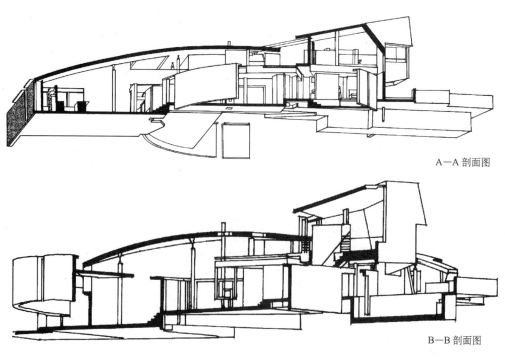

A—A 剖面图

B—B 剖面图

1—车库　　　4—餐厅　　　7—游泳池　　10—上空
2—厨房　　　5—起居室　　8—书房
3—工作室、展室　6—主卧室　　9—露台

214

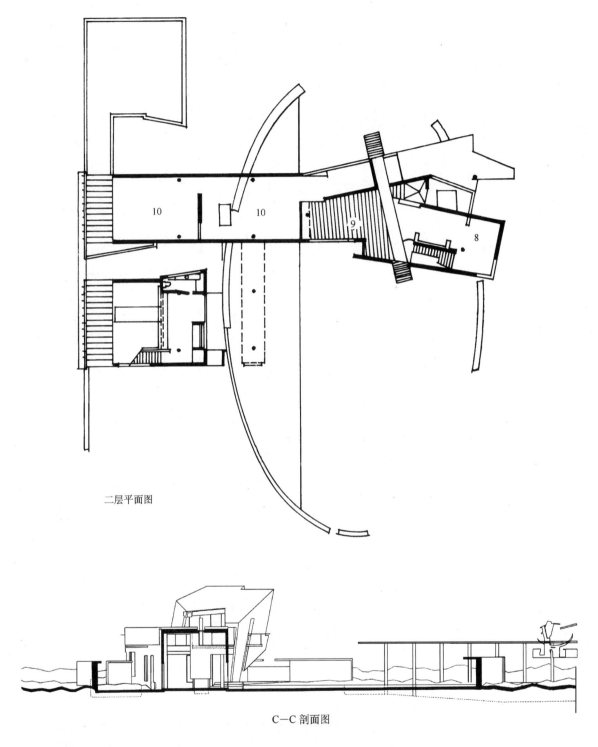

二层平面图

C—C剖面图

布莱德斯住宅　Blades House　1993年　美国加利福尼亚州州圣巴巴拉

　　这个作品是被称为"自由风格派"的墨弗西斯事务所的作品。业主以前的房屋被一场大火烧毁,他们希望在原址建造一座新的住宅,与老宅完全不同。墨弗西斯事务所与众不同、前所未有的设计手法和设计思想吸引了他们。建筑师的设计结果是"反住宅",使住宅与环境完全割离。弯曲的混凝土屋顶从建筑中伸出,使室内与室外没有明显的界限,建筑的内部空间也相互穿透。选用的建筑材料大胆新奇,体形处理自由多变,既非片断也非整体,建筑师试图以新的建筑符号语言表达建筑更深的内涵。建筑面积530m^2(彩图207~彩图210)。

105．克劳福特住宅

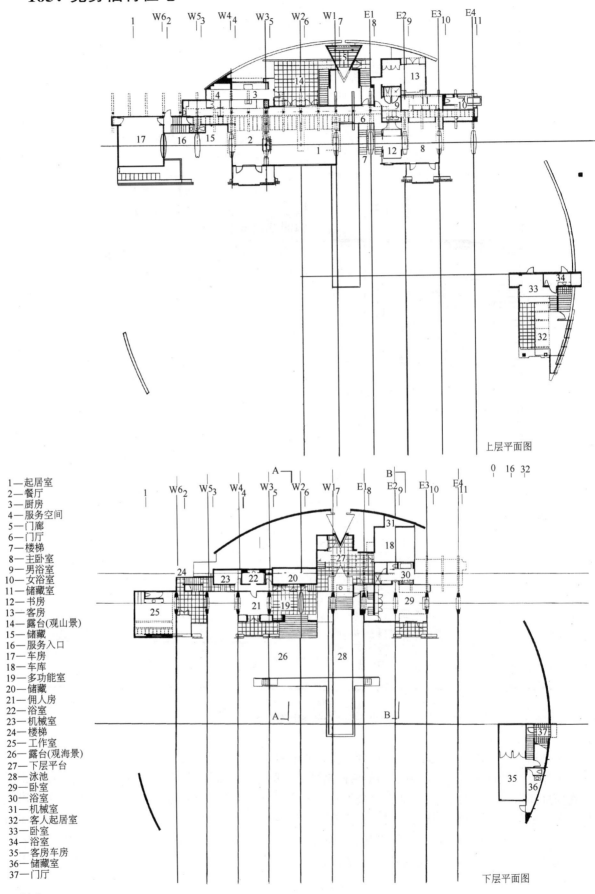

1—起居室
2—餐厅
3—厨房
4—服务空间
5—门廊
6—门厅
7—楼梯
8—主卧室
9—男浴室
10—女浴室
11—储藏室
12—书房
13—客房
14—露台(观山景)
15—储藏
16—服务入口
17—车房
18—车库
19—多功能室
20—储藏
21—佣人房
22—浴室
23—机械室
24—楼梯
25—工作室
26—露台(观海景)
27—下层平台
28—泳池
29—卧室
30—浴室
31—机械室
32—客人起居室
33—卧室
34—浴室
35—客房车房
36—储藏室
37—门厅

上层平面图

0 16 32

下层平面图

216

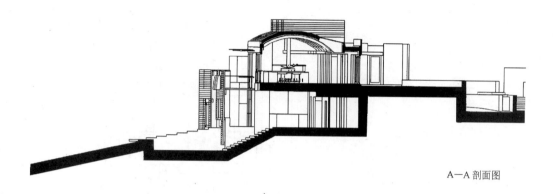

A—A 剖面图

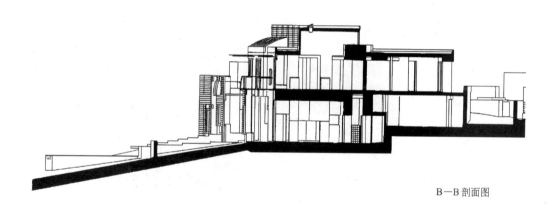

B—B 剖面图

克劳福特住宅　Crawford Residence　1993 年　美国加利福尼亚州

默弗西斯事务所设计。基地坡向西南,俯瞰大西洋,面积超过 8000m²,业主希望充分利用基地的地形和景观条件。建筑面积 700m²。建筑师追求的并不是复杂的体形,而试图通过建筑处理表达建筑的深层意义。这个设计的重点是:通过材料的变化形成多层空间边界的连接,同时模糊室内外空间领域的界限。建筑以重复出现的构件有节奏地创造出不同的形态,通过虚实空间的相互作用迫使整体具有分散感,建筑用许多独立的体块和一系列构件片断加强了这种分散的感觉。建筑没有正立面,而必须通过多视点的观察,才能体会建筑的总体形象。在穿过它时,才能体验它的多重向度和多样变化(彩图 211～彩图 217)。

106．太格住宅

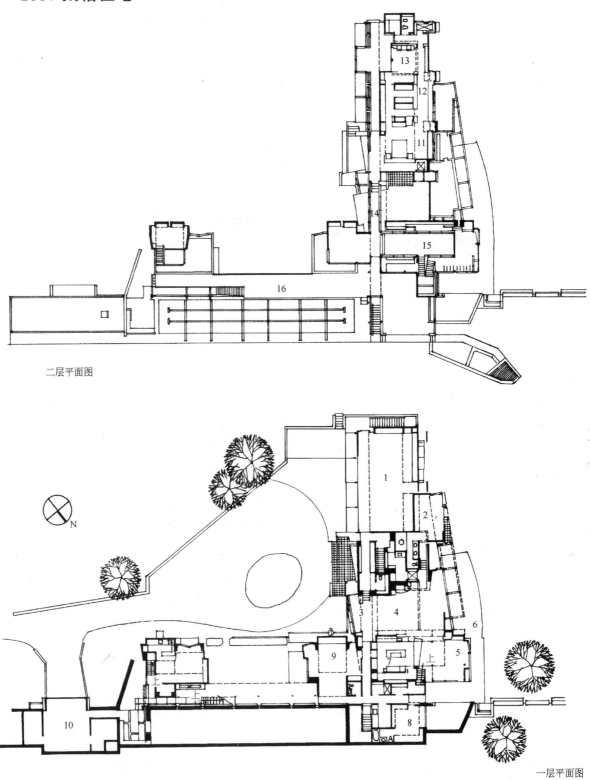

二层平面图

一层平面图

1—车库　　5—餐厅　　　9—音乐室　　13—主浴室
2—客房　　6—室外餐厅　10—车库　　　14—桥
3—入口　　7—厨房　　　11—主卧室　　15—展廊
4—家庭室　8—佣人房　　12—储藏　　　16—游泳池

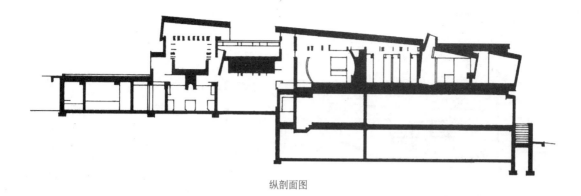

纵剖面图

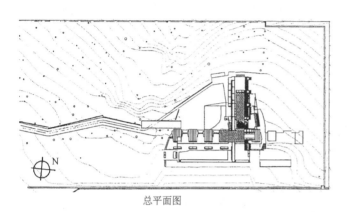

总平面图

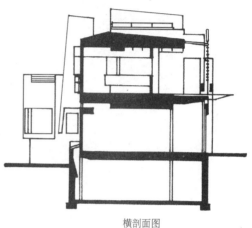

横剖面图

太格住宅　Teiger House　1995 年　美国新泽西州

这是 Roto 事务所的作品,是 Michael Rotondi 和 Clark Stevens 离开默弗西斯事务所以后的新作。业主是一位年轻的银行家,他对设计提出了非常具体的要求,并自始至终参与设计的整个过程。住宅基地的地形条件极其复杂,而且不时有强风,并且季节的温差很大。基地在一片森林中,树木参天,生机勃勃,基地附近有一个山谷,可以从这里眺望周围的远山。在设计中,建筑师使住宅有选择地面向优美的风景,并刻意使住宅成为基地的一个有机组成部分。为顺应基地的坡度和地形、地貌、植被条件,在设计之初,建筑师仔细勘测了基地,在地形图上详尽标定基地上的树木、道路、景观以及它们彼此间的相互关系。建筑师的平面设计并不局限于墙内的部分,而是以密斯的巴塞罗那德国馆为蓝本,并从赖特的草原住宅中吸取精华,使住宅的每一部分都可以延展,追求室内外的相互渗透、水乳交融。在设计手法上,仍然可以发现从默弗西斯继承到的某些风格特征。建筑师在解释作品时提出,平面设计来源于模仿 DNA 的形态,设计思想起源于混沌理论,他们希望通过相交成 L 形的两条"链",创造复杂的空间形式,同时在风格上具有某些乡土特征(彩图 218～彩图 220)。

住宅外景 2(彩图 220)

107．凯马住宅

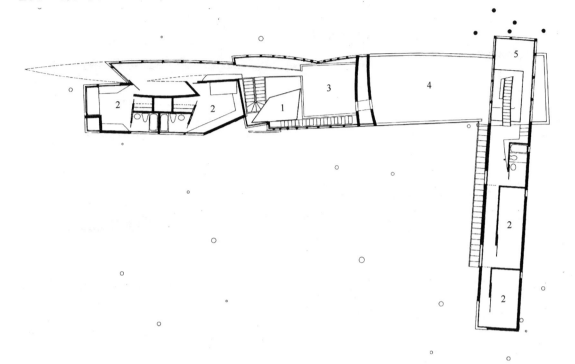

二层平面图

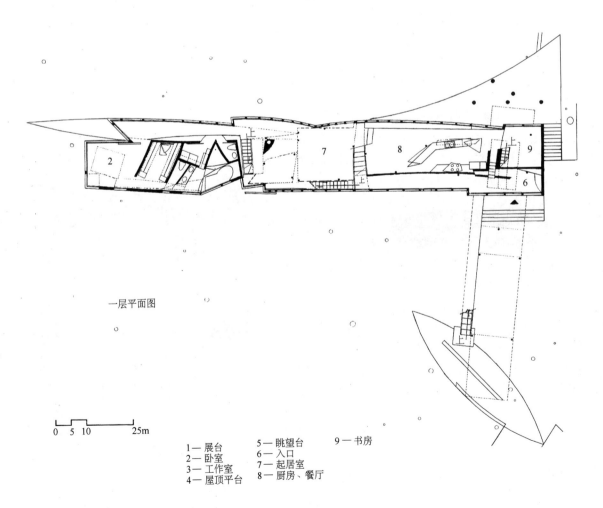

一层平面图

0 5 10   25m

1—展台   5—眺望台   9—书房
2—卧室   6—入口
3—工作室   7—起居室
4—屋顶平台   8—厨房、餐厅

220

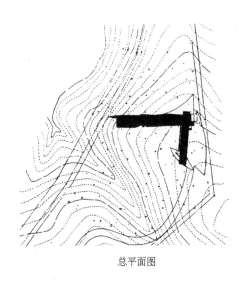

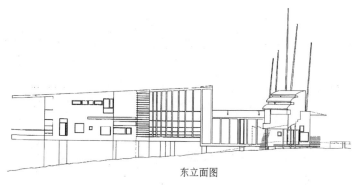

东立面图

总平面图

住宅外景(彩图221)

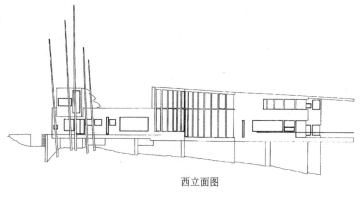

西立面图

凯马住宅　Chmar House　1989年　美国佐治亚州亚特兰大

　　建筑师为斯柯金·埃莱姆和布雷（Scogin Elam and Blay）。基地面积8700m²,建筑坐落在森林之中的一块空地上,建造过程中几乎没有树木被伐倒。业主是一对有两个孩子的夫妇,他们要求在住宅中还为他们有时来访的父母留有房间。住宅被设计成如同从基地中生长出来一样,底部被木柱架起。平面L形布局,舒展的几何形暗示了融入林中的意向。住宅室内空间虽被限定,但室外空间好像室内的一部分,空间有无限的扩展感。建筑以木构为主,外墙涂以混凝土。造型很像林中的一条船（彩图221～彩图224）。

108．迪耶茨住宅

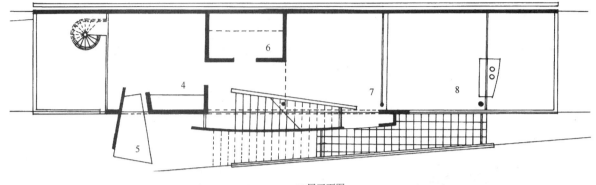

二层平面图

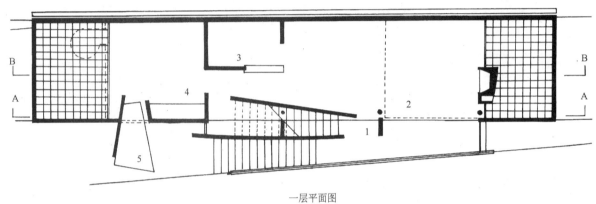

一层平面图

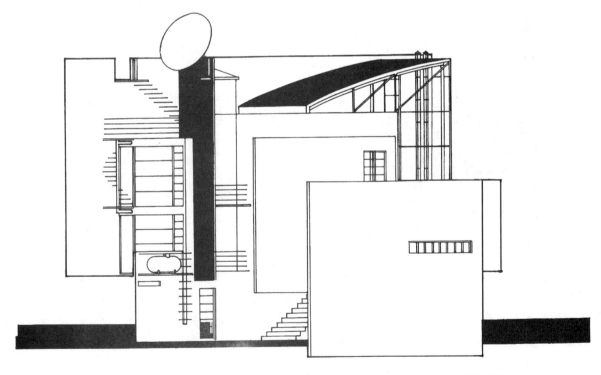

东南立面图

1—入口　　4—卧室　　7—书房
2—起居室　5—阳台　　8—上空
3—厨房　　6—卫生间

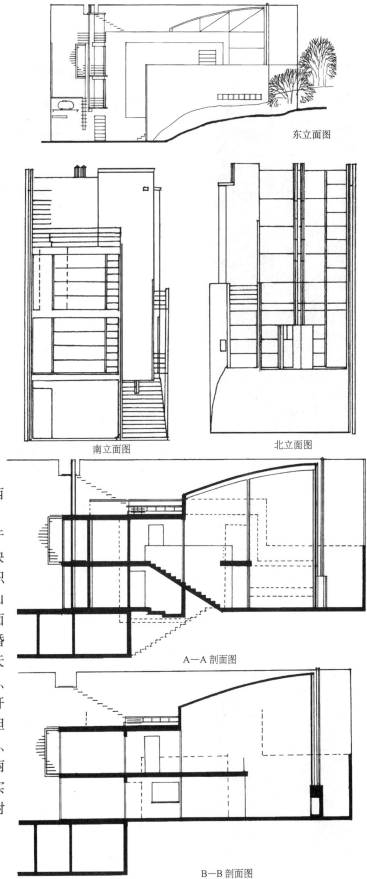

东立面图

住宅外景(彩图 225)

南立面图   北立面图

A—A 剖面图

迪耶茨住宅　Dietz House　美国墨西哥城

　　由 TEN 建筑事务所设计。住宅位于美国墨西哥城郊的一条繁忙而嘈杂的快速干道旁边,基地为狭长的坡地,面积 170m²(大约 21m×8m)。建筑北部嵌在山体之中,后面的挡土墙高 12m,基地北面是优美的林地。这个住宅是为一对新婚夫妇而建,建筑面积 180m²。一层有露天的车库、洗衣室、家务室;二层是起居室、餐厅、卧室及卫生间;三层是向起居室开敞的工作室,卧室。建筑材料的选用大胆而多样:通过混凝土、绿色威尼斯马赛克、白石灰石、蓝色拉毛饰面的混用形成艳丽的视觉效果,石墙与大片玻璃的对比虚实分明。为隔绝噪声,建筑向街道一侧封闭,面向树林一侧开敞(彩图 225、226)。

B—B 剖面图

223

109．德瑞格住宅

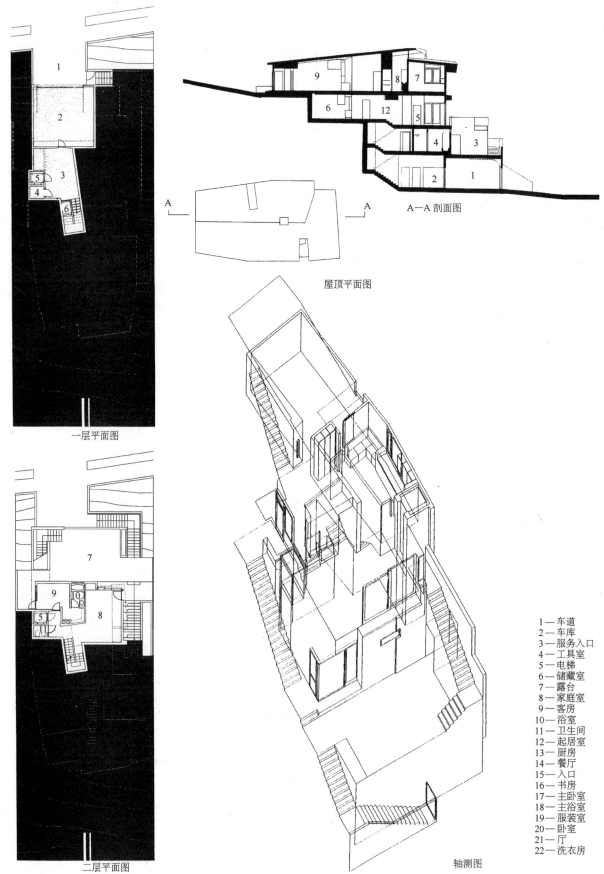

一层平面图

二层平面图

A—A 剖面图

屋顶平面图

轴测图

1—车道
2—车库
3—服务入口
4—工具室
5—电梯
6—储藏室
7—露台
8—家庭室
9—客房
10—浴室
11—卫生间
12—起居室
13—厨房
14—餐厅
15—入口
16—书房
17—主卧室
18—主浴室
19—服装室
20—卧室
21—厅
22—洗衣房

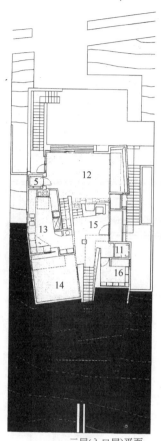

三层(入口层)平面

西立面图

住宅外景2(彩图228)

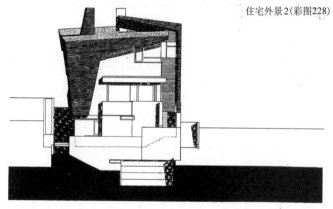

南立面图

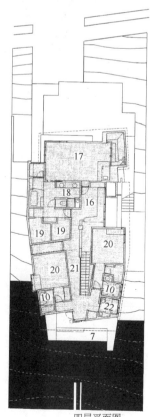

四层平面图

德瑞格住宅　Drager House　1994年　美国加利福尼亚州

　　建筑师为弗兰克林·埃斯瑞尔(Franklin D Israel)。住宅是独户住宅,建于比较陡峭的山边基地上。建筑的剖面是通过特殊的组织元素如楼梯、平台等形成步步的跌落来呼应基地的坡度,契合建筑与基地的关系。建筑上大大的角窗的位置是建筑师根据他选定的树木、天空以及特定的景观而逐一设计,同时在建筑上借鉴了赖特和辛德勒在洛杉矶地区常用的手法。住宅满足了业主"以自由的形态呼应地方风格、保持基地形态特征"的要求,同时也是建筑师设计手法和造型语汇的代表,它反映了重组已知的建筑形态,并引用更加自由的方式,创造新的物质和文化景观的趋势(彩图227～彩图229)。

110．诺顿住宅

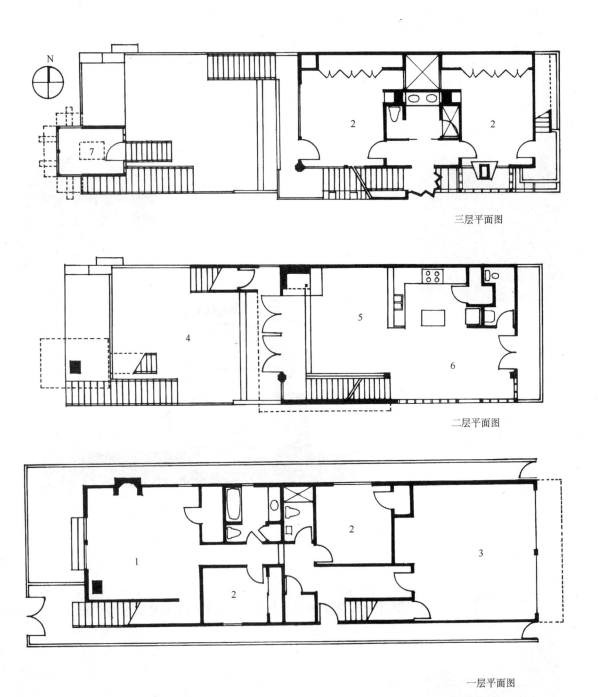

三层平面图

二层平面图

一层平面图

1—工作室；2—卧室；3—车库；4—露台；5—起居室；6—餐厅；7—书房

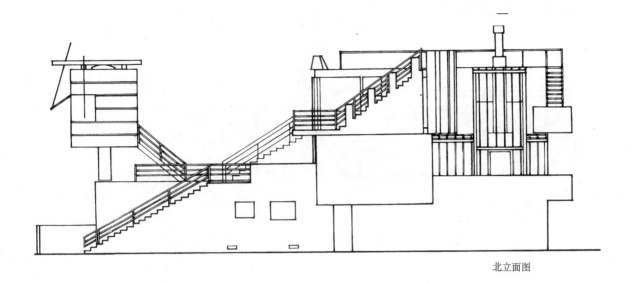

北立面图

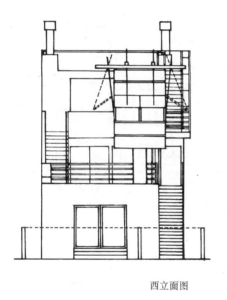

西立面图

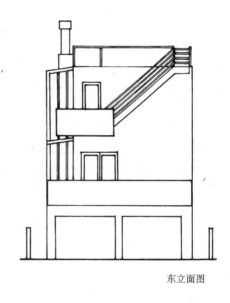

东立面图

住宅外景1(彩图230)

诺顿住宅　Norton House　美国加利福尼亚州

　　建筑师为美国解构主义的代表人物弗兰克·盖里。住宅位于美国加州温尼斯海岸的一块狭窄的基地,周围街区的建筑或是盒子状的住宅,或是传统的农舍。业主是个剧作家,年轻时作过救生员,他觉得早年的生活和海岸对他的一生有极大的影响。在盖里的设计中,建筑师既希望住宅成为周围两种对立的建筑形式的中和,又体现业主的个性特色。住宅一如盖里以往的作品,是不同的体形、不规则的形状、多样而艳丽的色彩的混合体。住宅主体背向繁忙嘈杂的海岸人流,为了加强私密性,在二层的屋顶设计了花园。而可从屋顶花园进入的书房成为强烈的构图元素,造型如同海边救生员的小屋,既可以引发主人回忆起早年的生活,同时又给人海边建筑的联想(彩图230～彩图232)。

111．苏诺玛海岸住宅

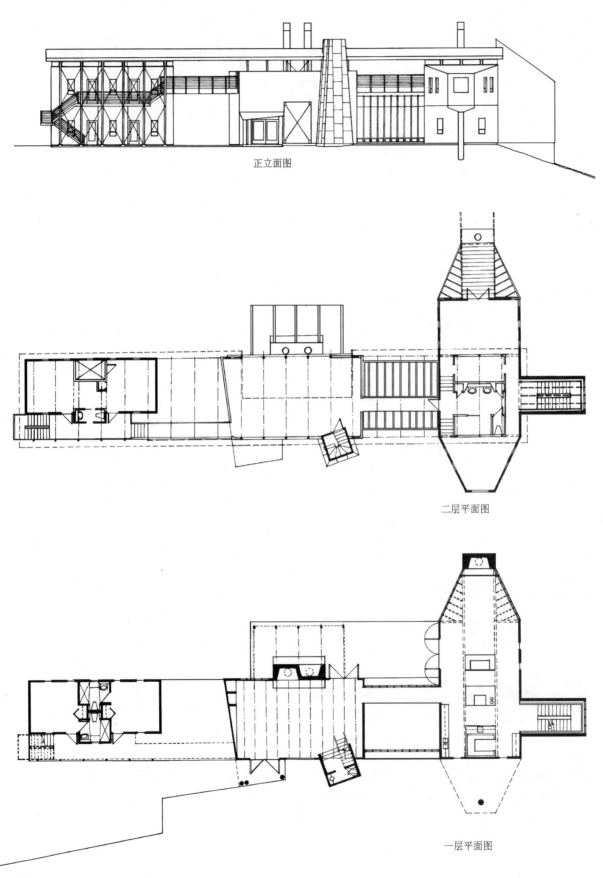

正立面图

二层平面图

一层平面图

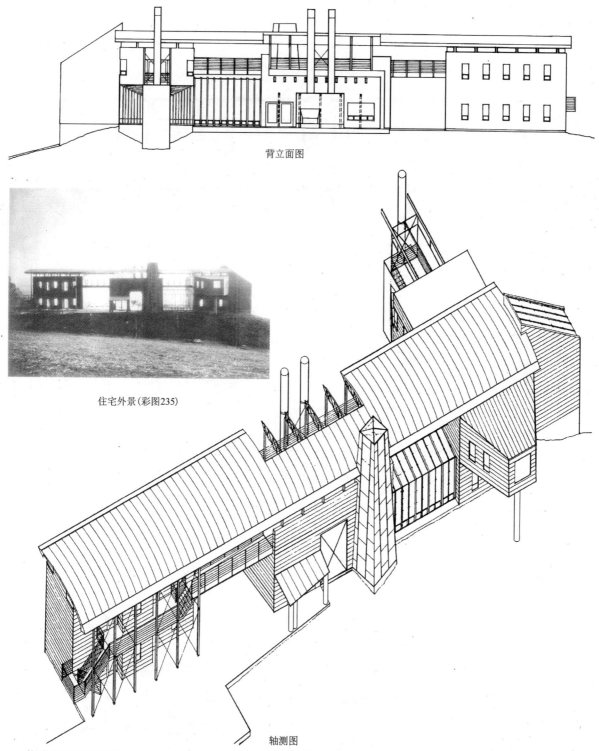

背立面图

住宅外景(彩图235)

轴测图

苏诺玛海岸住宅　Sonoma Coast Residence　美国

　　建筑师称这座建筑有中世纪的味道,并把它与古堡相提并论。基地位于距旧金山市200km的一片100公顷的山地上,住宅坐落于高出海平面大约100m的山崖上,在晴天时可以从这里清晰地俯瞰太平洋100多公里蜿蜒的海岸线,景观优美、视野开阔。业主要求住宅可以接待大量的客人。住宅分成三个部分,这三部分由二层带顶的平台联系起来。特殊的基地位置和气候条件给设计造成一定的难度,强烈的海风以及有限的能量供给限制了立面落地窗的比例,也使设计更为复杂。建筑材料的运用古朴而含蓄,很好地顺应了基地的景色特征。建筑面积650m²(彩图233~彩图235)。

112．温雅住宅

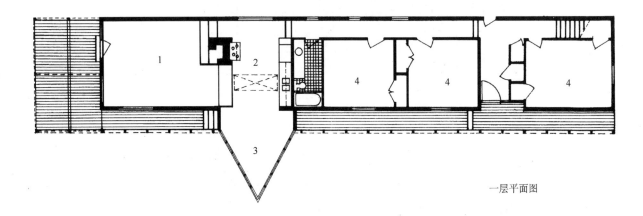

一层平面图

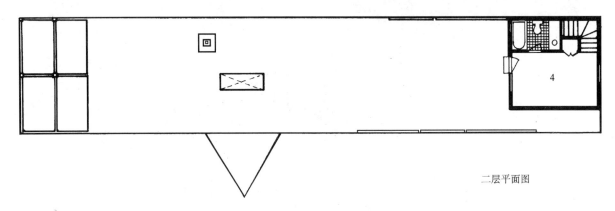

二层平面图

1— 起居室；2— 厨房；3— 餐厅；4— 卧室

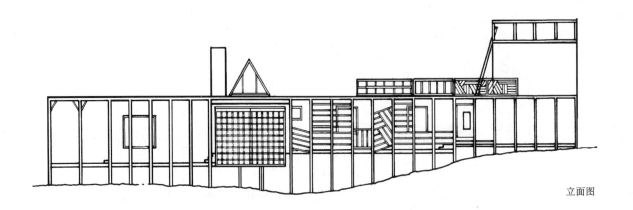

立面图

230

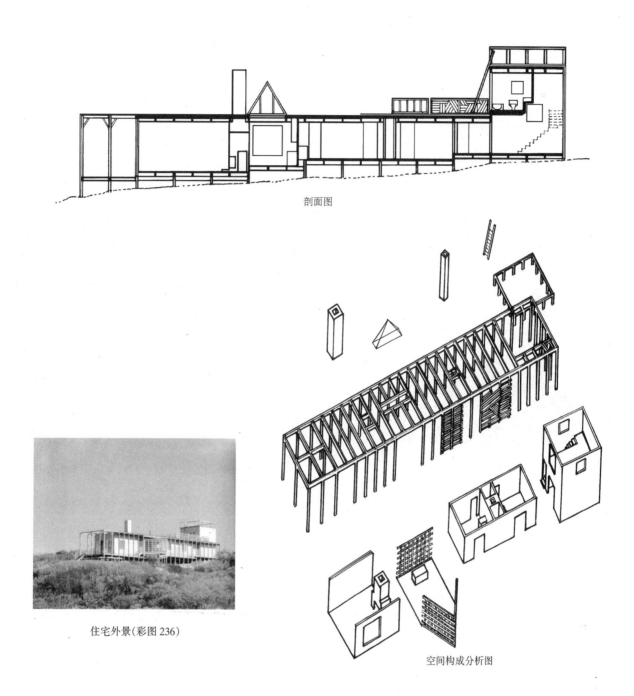

剖面图

住宅外景(彩图 236)

空间构成分析图

温雅住宅　Martha's Vineyard House　美国马萨诸塞州

　　建筑师为斯蒂文·霍尔(Steven Holl)。对于建筑师来说,在温雅设计建筑比较容易,他可以借鉴当地的乡土风格,如维多利亚橡木农舍、规整古板的海边船长住宅以及沿着海岸线的盐箱等等,并依据温雅的地方法规,循规蹈矩地退红线、限高、使用材料。但斯蒂文·霍尔却走了一条相反的路,他并不拘泥于传统。他使建筑具有地方性的灵感来自于当地印第安人在海边的鲸鱼骨架上覆以树皮和皮革以搭成小窝棚的做法,同时他希望以建筑构筑的真实性表达建筑概念,于是有了这个别具一格的立在海边的木框架住宅。这座仿木鲸的建筑局部二层,一个三角形的凸窗从木框架的外廊中伸出,如同巨大的鲸牙。不同的木构花纹在建筑上洒下丰富的光影,一个三角锥的天窗立在建筑顶上,在室内形成变幻的光线。建筑面积 148.6m^2(彩图 236、彩图 237)。

113. 阿默别墅

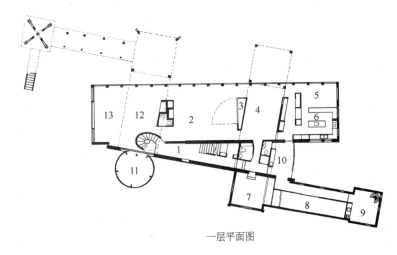

一层平面图

别墅外景(彩图 238)

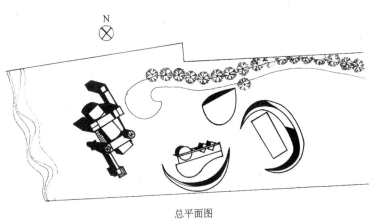

总平面图

东立面图

西立面图

阿默别墅　Amore Villa ，1992 年
美国纽约州南安普敦

建筑师是 Agrest and Gandelsonas。基地面向池塘，被田园风光所包围，基地面积 2.5 公顷。这里是一位艺术收藏家的假日别墅，建筑面积 790m²。平面由两部分组成：一层的矩形拱顶部分，两层的桥和塔。而二者叠合时彼此旋转了 13°，相交的空间成为交通枢纽。建筑是由六个乡村中常见的形象如谷仓、小桥等随意地组织在一起，建筑师并不希望产生统一感，相反建筑每个部分各有不同，具有卡通效果(彩图 238～彩图 241)。

1—门厅；2—起居室；3—储画室；4—餐厅；5—早餐厅；6—厨房、餐具室；
7—媒体室；8—储藏室；9—公寓；10—泥塑室；11—花房；12—工作室；13—阳光室

114．如特客舍

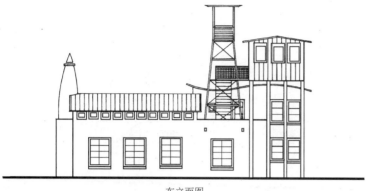

东立面图

客舍外景(彩图 242)

南立面图

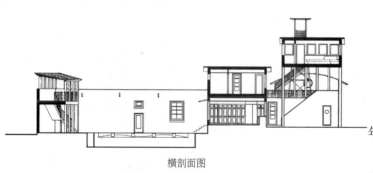

横剖面图

一层平面图

1—入口；2—起居室；3—厨房；4—餐厅；5—卧室；6—车库

如特客舍　Root Guest House　1991 年　美国佛罗里达州

建筑师为斯蒂文·哈里斯(Steven Harris)。基地位于佛罗里达州的欧蒙海岸,这里是美国完整保留四五十年代通俗风情的很少的几个地点之一。建筑师为了追求地方风格,以当地独具个性的形态元素如:救生员了望塔、防波堤、观众台、汽车旅馆等进行夸张和变形,并重组于这个小住宅中,每个元素突出的个性,引人产生丰富的追忆和联想。建筑所采用的色彩也有渊源,汽车旅馆一翼采用佛罗里达汽车旅馆通常的绿色,防波堤覆以镀铅板的不锈钢,救生塔是劳动安全局规定的红色,更衣室是紫色,柱体是出租汽车的黄色等。建筑杂烩一般的体态,具有佛罗里达州的通俗特征,艳丽的色彩又具有加勒比海风情,使建筑既独具地域特色,又有点幽默风格(彩图 242、彩图 243)。

115．盖特住宅

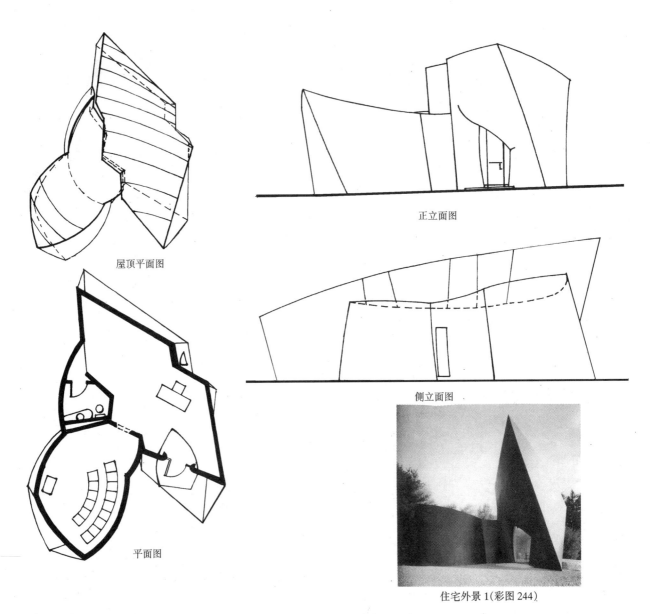

屋顶平面图

正立面图

侧立面图

平面图

住宅外景1(彩图244)

盖特住宅　Gate house　1995年　美国康涅狄格州

建筑师是菲利普·约翰逊。这是多年以来一直领导或紧跟建筑最新潮流,不断更新自己的设计手法的老建筑师90多岁时的新作,他尝试用最新的时髦形式和手法建造雕塑般的建筑。建筑以预制钢丝网为骨架包围一个变形的核心,通过对钢丝网骨架的现场立体塑造,剪切、弯曲形成预定的形态的曲面板,然后在其上覆以混凝土。他指出设计这个住宅的主要目的是检验自己非直角、非垂直设计的新的理念,并以此使建筑更加具有雕塑性。在建筑完成以后,菲利普·约翰逊说:不论身处其中,还是从旁观赏,这个小东西都很浪漫。建筑面积84m²(彩图244、彩图245)。

后　记

　　本书以最新的别墅实例展现了 90 年代世界别墅设计的特征和风格,同时介绍了别墅设计的相关问题,希望能够对建筑研究的专业人士、学生及对建筑设计感兴趣的同仁都有所帮助。本书中的实例大部分选自 1990 年以后出版的建筑杂志和书籍。主要参考杂志有《A + U》、《JA》、《SD》、《GA House》、《Architecture Design》、《Architecture Record》、《Architecture》、《AA File》、《Architecture Journal》。

　　感谢天津大学建筑学院对笔者写作本书的支持和鼓励。
　　感谢中国建筑工业出版社王玉容女士为本书出版所付出的努力。
　　感谢天津大学建筑学院徐庭发先生协助拍摄了部分照片。
　　感谢董春波小姐、安娜小姐协助绘制了部分插图。
编者　2000 年 2 月